JN070296

動画と連動!

EXCEL VBA塾

初心者 OK!

仕事をマクロで自動化する
12のレッスン

YouTuber「エクセル兄さん」

\ たてばやし 淳 [著] /

マイナビ

まえがき

本書を手に取っていただき、まことにありがとうございます！
「エクセル兄さん」たてばやし淳と申します。
突然ですが、こんな悩みはありませんか？

- マクロ（VBA）を覚えたいけれど、何から始めていいか分からない…。
- 書籍を読んでもすぐ挫折してしまう……。動画レッスン付きの書籍はないか？
- 書籍だけでは知識が定着しない……。問題を解いたりコードを書いて覚えたい。

そんな悩みを解決するために執筆したのが、本書です！
筆者自身、トリプルワークに苦しんでいた過去に、マクロ（VBA）を覚えて仕事を自動化でき、救われました。今、似た境遇にある入門者の皆さんに、本当にわかりやすい書籍を届けたい……。そんな想いから「VBA塾」というオンライン塾を開き、650名以上の塾生と12週間にわたりビデオ講座とライブ授業を繰り返し、初心者の声を取り入れながら本書を執筆し、完成させることができました。
本書は、第1章から第12章、そして実用マクロの作成に挑戦する最終章の、全13章で構成されています。
さらに、ページ数の都合で本書に掲載できなかったレッスンを、「補講」としてPDFで用意しました。本書の読者は無料でダウンロードすることができますので、ぜひご活用ください（次ページのご案内を参照してください）。

本書の特徴

- 具体的なコード例を多く取り入れた、ていねいな解説
- 本書と連動した、オンライン動画による解説
- 各レッスンの末尾に設けた、合計100題以上の確認問題（動画解説あり）

レベル分けした学習項目

入門者の方が挫折するのを防ぐため、各学習項目にレベルを設けて難易度を表示しています。

★☆☆（必修）VBAの基礎レベルです。入門者の方も必ず読んでください。

★★☆（応用）少し高いレベルです。入門者の方は努力目標レベルです。一周目では完全にマスターできなくても構いません。もし負担に感じたら飛ばして先へ進みましょう。

★★★（発展）実用レベルです。入門者の方は、一周目では飛ばしても構いません。

読者タイプ別！本書の活用方法

❶ ゼロからVBAに入門したい完全初心者の方

- 本書をはじめから読み進めてください。
  レベルは、★☆☆（必修）を最優先してください。★★☆（応用）以上は努力目標とし、一周目では必ずしもマスターできなくて構いません。
- QRコードを読み取って、動画解説もご覧ください。
- 各レッスンの末尾にある「確認問題」を解いて、理解度を確認してください。

❷ VBAの学習経験が少しでもある方・学び直しの方

- 先に各レッスンの末尾の「確認問題」を眺めてみて、知識レベルを簡単にチェックしてみましょう。自分の知識の「抜けや漏れ」があるか、確認できます（もし確認問題を容易に解けたなら、そのレッスンは飛ばしても構いません）。
- その上で、本書のレッスンを読み直してください。
- 必要に応じて、本書のQRコードを読み取って動画解説もご覧ください。

本書のサポートサイト

https://book.mynavi.jp/supportsite/detail/9784839975722.html

本書のサポートサイトです。訂正情報や補足情報を掲載していきます。
本書の教材ファイル、「補講」のPDF教材もこちらでダウンロードできます。

本書の構成

★☆☆

レッスン**2**
変数　値を一時記憶させて再利用する

XLSM 教材ファイル「5章レッスン2.xlsm」を使用します。　▶ 動画レッスン5-2

1. 変数でできること

「変数」とは、値を一時記憶できる箱のようなものです。
変数に値を一時記憶しておけば、その値を何度も使い回して利用することができます。

https://excel23.com/
vba-juku/chap5-
lesson2/

難易度：
このレッスンのレベルを示します。
iiページの「レベル分けした学習項目」を
お読みください

教材ファイル：
このレッスンで使用するファイルです

動画レッスン：
QRコードまたはURLから、このレッスンに連動した動画にアクセスできます

書式 **書式：**VBAの書式です

補足 **コラム**

例 **例：**サンプルコードです

補足、コラム：
併せて知っておきたいことなどを囲みで解説しています

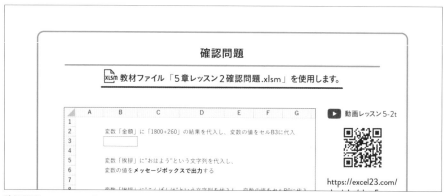

確認問題

XLSM 教材ファイル「5章レッスン2確認問題.xlsm」を使用します。

▶ 動画レッスン5-2t

	A	B	C	D	E	F	G
1							
2		変数「金額」に「1800+260」の結果を代入し、変数の値をセルB3に代入					
3							
4							
5		変数「挨拶」に"おはよう"という文字列を代入し、					
6		変数の値を**メッセージボックスで出力**する					
7							

https://excel23.com/

確認問題：レッスンの最後に入っています。理解度の確認に使いましょう

うう……誰か助けて……！

どうしたの？ セル男くん。

あ、エクセル兄さん！ 実は、Excel仕事が大変すぎて……。
売上一覧データをもとに、データを整えたり計算したりしてから、商品分類ごとに抽出して、その結果を新しいブックに保存しなければいけないんッス。
毎回、この作業に何十分もかかってしまって、もううんざりなんス……。

「マクロ」を作れば、そういった作業を自動化して、ボタンをクリックするだけで終わらせることができるよ！
さらに、マクロは一度作ってしまえば何度でも使いまわせるし、何十分もかかっていた作業がたった数秒で終わることも少なくないんだ！

え？ そんな方法が!? それは魅力的ッスねぇ……！ でも、マクロって難しいんじゃ？

大丈夫！ エクセル兄さんが開催した「VBA塾」では、知識ゼロの初心者からでも徐々にマクロを学習し、自分の業務マクロを作れるようになった人も多数いるよ。
本書のレッスンを最後まで学習すると、いまセル男君がやっている作業をそのままマクロで処理できるようになるんだ。

それは楽しみッス！ ぜひ、ボクにも教えてくださいッス！

第1章

マクロとは？
何が便利？

それじゃあ、マクロについて説明していくよ！

 ところでマクロって……どういう意味でしたっけ？

 カンタンにいうと、ソフトウェアを自動で操作してくれる機能なんだ。マクロを使えば、僕らが命令した通りにExcelを自動処理してくれる。

 なるほど！ すごいッスね！

自動処理

マクロ機能

 そして、「VBA」っていう言葉は聞いたことあるかな？

 なんとなく聞いたことはあるッスけど……。

 マクロを利用するには、マクロの処理手順を書いた「命令書」のようなものを作るんだ。その命令書を書くための言語が、「VBA」という言語なんだ！

 そうなんッスね！ VBAは、マクロの命令書を作るための言語かぁ……

 その通り。それでは、詳しく解説していこう！

レッスン**1**
マクロはExcel自動化の救世主！

1. Excelに働かされてしまう ➡ マクロで自動化！

動画レッスン1-1

https://excel23.com/
vba-juku/chap1-
lesson1/

マクロで自動化！

以下のような悩みのある方には、マクロの活用をおすすめします。

- 毎日、Excelの単純作業に長時間を費やしている
- 毎週、毎月、半年ごとなど、周期的な定型業務がある
- 手作業でExcelを操作していると時間がかかり、ミスが頻発……

マクロを利用すれば、上記のような仕事を自動化することができます。
仕事を自動化すれば、

- 同じ反復作業は、すべてマクロが行ってくれる
- 短時間で仕事が終わる
- 手作業よりもミスが少なくなる

といったメリットがあります。
これまでは**Excelに働かされてしまっていた方**でも、逆に、Excelを自由自在に操り、働か
せることができるようになります。

第**1**章 ∨ マクロとは？ 何が便利？

003

2. マクロでは何ができる？

筆者自身も、マクロを習得して様々な仕事を自動化してきました。地獄のトリプルワーク時代があり、昼は企業で働き、夜は塾講師をし、スキマ時間で家業の経理や事務仕事をしていました。したがって、Excelの自動化・効率化は欠かすことのできないスキルでした。また、筆者の開催した「VBA塾」の修了者の方々からも、「**マクロを学んで、こんな仕事を自動化できました！**」という声を数多くいただいたので、以下に紹介します。

- 毎日の業務日報やレポート作成を自動化できた
- お客様からくるデータから必要なデータだけ取り出して分析する作業を自動化できた
- 小1時間かかっていた書式設定 (17社分) が、たった30秒でできるようになった
- 複数のブックを1つの表にまとめる作業を自動化できた
- 請求データを整形したり加工する作業を自動化できた
- 自分の仕事だけでなく他部署の業務も効率化することができ、上司にも褒められた

などなど、数え切れない体験談をご報告いただいています。

3. マクロの3つの特徴

マクロの大きな特徴として、以下の3つを挙げます。

1. 一度作ったら何度も使い回せる (自動化、再利用)

　一度マクロを作ってしまえば、何度でもマクロを繰り返し利用できます。

2. 短時間で作業が終わる (時短、高速化)

　手作業よりもはるかに速く処理することができ、時間の短縮が見込めます。

3. ミスが起こりにくい (正確)

　マクロは何度も作業を繰り返しても、人間のように**うっかりミスや見落とし**をしません。

●

マクロを使いこなせば、**正確に速く、何度でも働いてくれるロボットが手に入る**と言えるでしょう。

4. 本書で解説していること・していないこと

マクロについて、本書で学ぶことができる内容を紹介します。

また、本書とは別に、筆者の前著『Excel VBA脱初心者のための集中講座』（マイナビ出版）でも応用的な操作を解説しています。

表 1-1-1

Excelマクロでできること	解説の有無
データの入力や転記	本書で解説しています
数値の計算、文字列や日付の操作	
データ整形、データ抽出、データ出力	
シートの操作、シートの一括処理	
ブックの操作、ブックの一括処理	
その他の操作の自動化 （印刷、グラフ作成、ピボットテーブル作成など）	本書では解説していません
ユーザーフォームを作って操作する	筆者の別書『Excel VBA脱初心者のための集中講座』（マイナビ出版）にて解説しています
ユーザーの操作に対し自動的に処理 （イベントマクロ）	
Excel以外のアプリケーションとの連携 （WordやOutlook、Internet Explorerなど）	
外部データの読み込み （CSVファイル、テキストファイル）	
その他	

第**1**章　マクロとは？ 何が便利？

マクロを作るための言語が「VBA」

1. マクロは機能、VBAは言語

「マクロ」と「VBA」という言葉を混同してしまう方も少なくありません。
「マクロ」と「VBA」は何が違うのでしょうか？

▶ 動画レッスン1-2

https://excel23.com/
vba-juku/chap1-
lesson2/

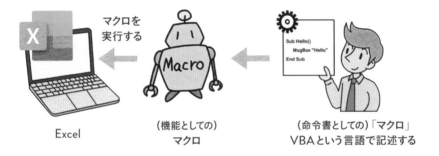

「マクロ」という言葉は主に2つの意味で使われます。

命令の通りにソフトウェアを自動操作する「機能」そのものを「マクロ」と呼ぶこともあります。また、命令書それ自体を「マクロ」と呼ぶこともあります。命令書の通りに処理を実行することを「マクロを実行する」と言ったりもします。

一方、「VBA」とは、その命令書を記述するための言語のことです（VBAはVisual Basic for Applicationsの頭文字を取った略語で、元々あったVisual Basicというプログラミング言語を、Excelなどのアプリケーション向けに応用したものです）。

「マクロは命令書やそれを実行する機能であり、その命令書は、VBAという言語で書かれている」と理解しておくとよいでしょう。

第2章

マクロ記録とVBA

よし！ まずは、試しにマクロを作ってみよう。

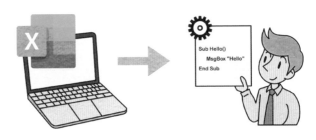

操作した内容 　　　　　　　VBAで記録

```
Sub Hello()
    MsgBox "Hello"
End Sub
```

「マクロの記録」があれば、Excelの操作を記録するだけでマクロを作ることができるんだ。

本当ッスか！ 「マクロの記録」って便利ッスね！
……でも、それなら「マクロの記録」さえあれば、もうVBAなんか覚えなくてもいいんじゃないッスか？

そうとも限らないよ！
「マクロの記録」は確かに簡単で便利。でも、自由度が低くて、応用が利かない。
例えば、以下のようなことはマクロの記録ではできないんだ。

- 状況に応じて処理を変更する（条件分岐）
- 繰り返しの操作を自動化すること（繰り返し）
- データを一時記憶して使い回すこと（変数）
  など

そうなんスか！
欠点もあるんスね。残念……。

そうだね！
……とは言え、最初は「マクロの記録」を使ってマクロを作る感覚を養うことも大切。
まずは、「マクロの記録」から実践してみよう！

「マクロの記録」でマクロを作る方法

1. マクロの記録とは？

「マクロの記録」とは、Excelを手動で操作した内容を記録してマクロを作成する機能です。「マクロの記録」を使えば手軽にマクロを作れるため、初めて学ぶ方がExcel自動化を体験する目的では非常におすすめの方法です。

▶ 動画レッスン2-1

https://excel23.com/
vba-juku/chap2-
lesson1/

2. まずは「開発タブ」を表示しよう

マクロを作る前に、「開発タブ」というタブを表示しておきましょう。このタブは、Excelの既定の状態では非表示になっていますが、次の操作で表示させることができます。

XLSX Excelを起動して、新しいブックを作成しておきましょう。

1 リボン（Excelの上部にボタンが集まっているエリア）で右クリックして、「リボンのユーザー設定」をクリックする

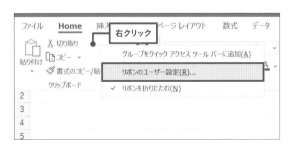

2 右の欄において「開発」にチェックを入れて「OK」ボタンをクリックする

3 「開発」タブが表示される（クリックするとその内容が表示される）

3. マクロの記録を開始する方法

続いて、「マクロの記録」を開始する方法について説明します。

「開発」タブの「マクロの記録」ボタンをクリックすると、「マクロの記録」ダイアログボックスが表示されます。

「表示」タブの「マクロ」ボタンを押して「マクロの記録」ボタンでも可能です。

「マクロの記録」ダイアログボックスには、右のような4つの入力欄があります。

❶ マクロ名

マクロに名前をつけることができます。名前は、日本語、英数字で入力可能です。記号は「_（アンダースコア）」だけ可能です（ただし先頭に_は使えません）。

❷ ショートカットキー

マクロにショートカットキーを割り当てることができます。Shiftキーを同時押しで設定することも可能です。ただし、Excelの既定のショートカットキーと重複した場合、マクロが優先されるので注意が必要です。

❸ マクロの保存先

マクロを保存する場所を選択できます。既定では「作業中のブック」になっており、そのままの設定を推奨します。

❹ 説明

マクロについて説明を記述できます。この文章は、のちにマクロの一覧に表示されます。

まだ、このダイアログボックスには何も入力せず、「×」ボタンや「キャンセル」ボタンを押して、ボックスを閉じておいてください。**また、次のレッスンに移る前に、この新しいブックは保存せずに閉じておきましょう。**
次の**レッスン2**からは、実際に「マクロの記録」を使ってマクロを作成していきます。

レッスン**2**

「マクロの記録」を使ってみよう

📄 教材ファイル「2章レッスン2.xlsx」を使用します。　　▶ 動画レッスン2-2

https://excel23.com/
vba-juku/chap2-
lesson2/

1. 表をクリアするマクロを作成しよう

それでは、「マクロの記録」を利用して、実際にマクロを作成してみ
ましょう。ここでは、**表をクリアするマクロ**を作成します。
具体的なマクロの処理内容としては、以下の表で、**タイトル行以外
のセル範囲の値をクリアする**処理とします。

	A	B	C	D	E	F	G	H	I	J	K
1	購入ID	日付	氏名	商品コード	商品名	商品分類	単価	数量	金額	送料	
2	1	2020/1/1	相川なつこ	a00001	Wordで役立つビジネス	Word教材	3980	2	7,960	0	
3	2	2020/1/2	長坂美代子	a00002	Excelデータ分析初級編	Excel教材	4500	2	9,000	0	
4	3	2020/1/3	長坂美代子	a00003	パソコンをウィルスから	パソコン教材	3980	1	3,980	0	
5	4	2020/1/4	篠原哲雄	a00001	Wordで役立つビジネス	Word教材	3980	1	3,980	0	
6	5	2020/1/5	布施寛	a00004	超速タイピング術	パソコン教材	4500	1	4,500	0	
7	6	2020/1/6	布施寛	a00005	PowerPointプレゼン術	PowerPoint教材	4200	1	4,200	0	
8	7	2020/1/7	水戸陽太	a00006	PowerPointアニメーシ	PowerPoint教材	2480	2	4,960	0	
9	8	2020/1/8	水戸陽太	a00007	はじめからWindows入!	パソコン教材	1980	2	3,960	0	
10	9	2020/1/9	山田大地	a0			2480	1	2,480	0	
11	10	2020/1/10	山田大地	a0	タイトル行以外のセル範囲の値をクリアする		3980	1	3,980	0	
12	11	2020/1/11	山田大地	a00002	Excelデータ分析初級編	Excel教材	4500	1	4,500	0	
13	12	2020/1/12	山田大地	a00001	Wordで役立つビジネス	Word教材	3980	1	3,980	0	
14	13	2020/1/13	小林アキラ	a00009	Excelこれから入門	Excel教材	2480	1	2,480	0	
15	14	2020/1/14	小林アキラ	a00010	Wi-Fiでつながるインタ	パソコン教材	1980	1	1,980	0	
16	15	2020/1/15	吉川真衣	a00005	PowerPointプレゼン術	PowerPoint教材	4200	1	4,200	0	
17	16	2020/1/16	吉川真衣	a00004	超速タイピング術	パソコン教材	4500	1	4,500	0	
18	17	2020/1/17	白川美優	a00011	Excelピボットテーブル	Excel教材	3600	1	3,600	0	
19	18	2020/1/18	若山佐一	a00012	Wordじっくり入門	Word教材	2480	2	4,960	0	
20											
21											

2.「マクロの記録」で操作を記録しよう

では、操作を記録していきます。次の手順で進めていきましょう。

1 [開発]タブの「マクロの記録」
ボタンを押す

2 マクロ名とショートカットキー
を入力して「OK」ボタンを押す

[入力する内容]
マクロ名：「表をクリア」
ショートカットキー：「e」

マクロの記録   ?   ✕

マクロ名(**M**):
| 表をクリア |

ショートカット キー(**K**):
Ctrl+ | e |

マクロの保存先(**I**):
| 作業中のブック | ∨ |

説明(**D**):
| |

OK   キャンセル

ここでショートカットキーを設定したのでマクロの記録が終わった後は、「Ctrl+e」を押すと
マクロを実行できるようになります。もともとExcelにおいて「Ctrl+e」を押すと「フラッシュ
フィル」という機能が起動するようになっていますが、今回のように同じショートカットキーに
マクロを割り当てると、Ctrl+eを押してもフラッシュフィルは起動しなくなり、マクロが実行さ
れるようになります。このように、マクロにショートカットキーを設定することで、重複する
ショートカットキーが使えなくなるので注意しましょう（この問題を解決するには、マクロのショート
カットキーを変更したり、マクロそのものを削除する方法があります）。

3 セル範囲A2～J19をドラッグして選択し、キーボードの［Delete］キーを押して、セル範囲の
値をクリアする

このとき、記録したい操作以外に余計な操作をしないように注意しましょう。「マクロの記録」中は、シート上で行った操作がほぼすべてマクロに記録されます。マクロ作成に関係のない操作をすると、それらもすべてマクロに記録されてしまうので、余計な操作をしないよう注意が必要です。

4 [開発]タブの「記録終了」ボタンを押して、マクロの記録を終了する

以上の操作で、マクロを作成することができました。

「マクロの記録」を行っている間は、Excelのウィンドウの左下に「□」(マクロの記録を停止するボタン)が表示されています。このボタンでマクロの記録を停止することも可能です。

3. 作成したマクロを実行する

次に、**2.**で作成したマクロを実行してみましょう。

マクロを実行する前の準備として、先ほど**2.**でクリアした表を復元しておきましょう。
シートの下方に、データ復元用の表があります。この表全体をコピーして、セルA2に貼り付けておきましょう。

下の表全体をコピーし、A2に貼り付けてクリアした表を復元する

「マクロの記録」で作成したマクロを実行するには、以下の2つの方法があります。

1.「マクロ」ダイアログボックスから実行する

1 [開発]タブの「マクロ」ボタンを
クリックする

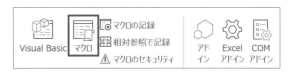

2 「マクロ」ダイアログボックスに
おいて、作成したマクロ名を選
択し、「実行」ボタンをクリック
する

2. 設定したショートカットキーで実行する

13ページの**2**で設定したショートカットキー「Ctrl+e」を押すことでマクロを実行することもできます。

上記の**1.** または13ページの**2**で設定したショートカットキーによりマクロが実行されます。

マクロを実行した結果として、セル範囲A2：J19の値がクリアされました。

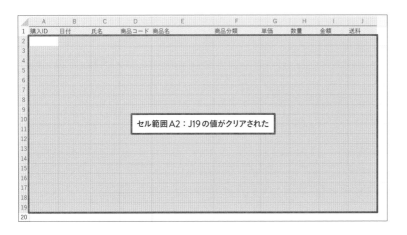

セル範囲A2：J19の値がクリアされた

マクロの処理は「元に戻す (Ctrl+Z)」ができない！

3. では、初めてマクロを実行し、セル範囲をクリアすることができました。

しかし、注意が必要なことに、**Excelマクロで実行した処理は、「元に戻す(Ctrl+Z キー)」で前の状態に戻すことができません。**

したがって、例えば「セル範囲をクリアするマクロ」などを実行するときには、大切なデータを消してしまわないよう、十分に注意する必要があります。

仕事の大切なデータが記録されているExcelブックでマクロを作成する場合には、マクロで直接データが削除されたり書き換えられてしまうことが起こらないように気をつけましょう。

対策としては、ブックのコピーを作成してバックアップしておき、複製されたブックを使用してマクロを作成するといった安全策を取ることをおすすめします。

失敗してしまった場合は？ マクロを削除してやり直そう

マクロを正常に実行できなかった場合は、マクロの記録を失敗してしまった可能性があります。その場合は、**マクロをいったん削除して、マクロの記録からやり直してみてください。** マクロを削除する方法は以下の手順です。

❶ [開発]タブの「マクロ」をクリックして「マクロ」ダイアログボックス表示する

❷ 「マクロ」ダイアログボックスで削除したいマクロ名を選択し、「削除」ボタンをクリックする

❸ 確認メッセージが表示されるので「はい」をクリックする

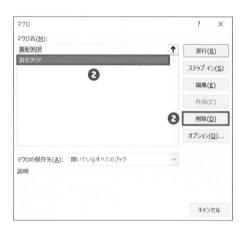

その後は、本レッスンの**2.** に戻ってマクロの記録からやり直しましょう。

4. ブックを保存しよう（マクロ有効ブックとして保存する）

マクロを作成したら、ブックを保存しておきましょう。マクロは、Excelブックと一緒に保存されます。ただし、**保存する際には「マクロ有効ブック」というファイルの種類で保存しなければいけません。**

以下の手順で、「ファイルの種類」を「マクロ有効ブック」にして変更して保存しましょう。

1.「ファイル」タブの「名前を付けて保存」にて、「参照」をクリックする。

> キーボードのF12キーを押すことで同様の操作が可能です。

2. 保存場所を選択し、「ファイルの種類」を「マクロ有効ブック」に変更して「保存」をクリックする（保存する場所は、教材ファイルと同じフォルダーで構いません）。

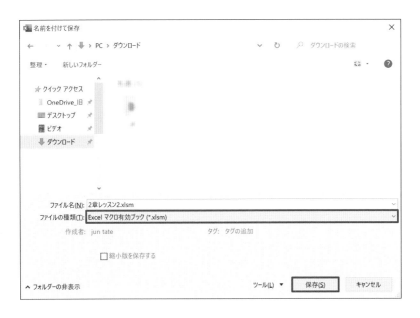

以上で、ブックが「マクロ有効ブック」として保存されます。

補足

「マクロ有効ブック」と通常のExcelブックの違いは「拡張子」

マクロ有効ブックとして保存されると、ファイル名に「.xlsm」という拡張子が付きます。

拡張子とは、ファイルの種類を表す文字列です。通常のExcelブックは「.xlsx」ですが、マクロ有効ブックは「.xlsm」になります。

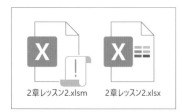

2章レッスン2.xlsm　　2章レッスン2.xlsx

なお、Excel 2003以前のバージョンで作られたブックは、拡張子「.xls」が付加されます。拡張子「.xls」のブックでは、マクロのないブックとマクロの有効なブックが区別されません。

ただし、ブックを「.xls」で保存すると、Excel2003より後のバージョンで利用できるExcelの新しい機能が利用できないなどのデメリットもあります。

ファイルの種類	拡張子
通常のExcelブック	.xlsx
マクロ有効ブック	.xlsm
Excel2003以前のブック	.xls

補足

「拡張子」を表示させるには？

「拡張子」が表示されていない場合は、表示されるよう設定する必要があります。Windows10での設定方法を紹介します。

エクスプローラー（ファイルやフォルダーを閲覧するためのウィンドウ。Windowsキー +Eで起動できます）にて［表示］タブの「ファイル名拡張子」にチェックを入れます。

補足

保存されたブックを開く際の注意（セキュリティの警告の解除）

マクロ有効ブックを開く際に、「セキュリティの警告」が表示されることがあります。その場合、「コンテンツの有効化」をクリックしてマクロを有効化してください。

また、Webからダウンロードしたブックを開く際に、「保護ビュー」と表示されることがあります。その場合は、「編集を有効にする」をクリックして保護ビューを解除してください。

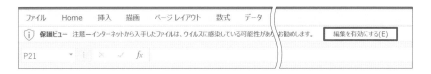

記録された中身はVBA

XLSM 教材ファイル「2章レッスン3.xlsm」を使用します（前のレッスンのブックは閉じておきましょう）。

1. 記録の中身は「VBE」で閲覧できる

▶ 動画レッスン2-3

「マクロの記録」で記録された内容は、VBAのコードで記述されて
います。

https://excel23.com/
vba-juku/chap2-
lesson3/

そのVBAのコードを表示するためには、「VBE」と呼ばれるツール
を使用します。VBEは、「Visual Basic Editor」の頭文字を取った
略語で、VBAを編集（Edit）するためのソフトです。

● **VBE**（Visual Basic Editor）

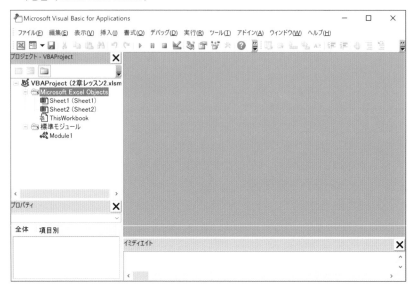

2. VBEを起動しよう

では、VBAのコードを閲覧するために、VBEを起
動してみましょう。Excelブックを開いた状態で、
［開発］タブの「Visual Basic」ボタンを押します。

VBEを起動するショートカットキーは、「Alt+F11」キーです。非常に便利なショートカット キーなので、実務では頻繁に使われます。積極的に覚えていきましょう。

3. コードを閲覧するには「標準モジュール」を開く

VBEが起動したら、コードを閲覧してみましょう。コードを閲覧するには、VBEで「標準 モジュール」を開きます。

1. 「標準モジュール」を展開する

「標準モジュール」という名前をダブルクリックする か、またはその左側にある「＋」をクリックして展 開します。標準モジュールの配下に「Module1」と 表示されれば、展開ができています。

 もし上記の画面（プロジェクト エクスプローラー）が表示されていない場合は、「表示」メニューか ら「プロジェクト エクスプローラー」を選択して、再表示してください。

2. 「Module1」のコードを表示する

「Module1」という名前をダブルク リックするか、または右クリックして 「コードの表示」を選択して、コード を表示します。

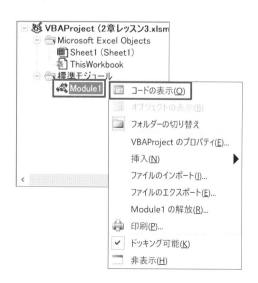

以上で、ウィンドウの右側にVBAのコードが表示されました。

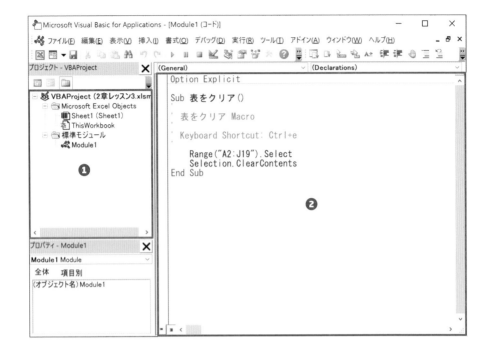

4. VBEの画面構成 —— まずはこの2つだけ覚えよう

上記のVBEの画面は、主に次の2つで構成されています。

最初からすべて覚える必要はありません。**まずは2つだけ覚えておきましょう。**

❶ プロジェクト エクスプローラー

作成するマクロ全体を「プロジェクト」といいますが、その構成要素が表示されます。

学習の初期は、「標準モジュール」という場所の「Module ●」（●には数字が入る）というものにコードが
記録されるということだけ押さえておきましょう。

❷ コードウィンドウ

VBAのコードが表示されるウィンドウです。

5. コードの簡単な読み方

それでは、コードウィンドウに表示されているコードを見てみましょう。

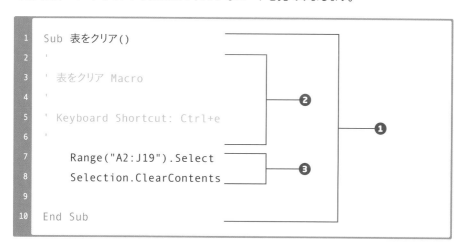

❶ マクロの始まり〜終わり

Sub 表をクリア() 〜 End Sub までが、マクロの始め〜終わりを意味する定型句になっています。

「Sub 」の後ろには、そのマクロの**マクロ名**が入ります（第3章からは、「マクロ名」ではなく「プロシージャ名」と呼びます。この2つの言葉はほぼ同じ意味ですが、コードを直接書く際には「プロシージャ名」と呼ぶのが一般的です。ただ、混乱しやすいので、今は「マクロ名」と覚えていただいて構いません）。

❷ コメント

行の先頭に「 ' 」（シングルクォーテーション）のある行は、「コメント」として扱われます。コメントとは、注釈やメモ書きのような文章であり、**マクロが実行すべき命令文ではない文と見なされます。**また、コメントと認識される行は、緑色のフォントで表示されます。

❸ 処理内容

❸ の行は、マクロで実際に処理を行う内容となるコードです。黒色のフォントで表示されます。

コード例の以下の部分に注目してみましょう（以下は、意味がわかりやすいように「ふりがな」を書き込んでいます）。

例

```
Range("A2:J19").Select
   A2:J19を      . 選択する


Selection.ClearContents
 選択範囲の  .  値をクリアする
```

上記のコードの意味が完全にわからなくても今は構いません。

要約すると、「A2:J19を選択する」「選択範囲の値をクリアする」という2つの処理が記述されています。VBAのコードは上から順番に1行ずつ実行されます。したがって上記のコード例は、セル範囲A2:J19を選択して、値をクリアするという意味になります。

これは、レッスン2で「マクロの記録」の実行中に行ったExcel操作がそのまま記録され、上から順にコードが記述されたからだということがわかります。

補足

VBEのフォントサイズを変更するには？

VBEの既定のフォントサイズでは、「フォントが小さすぎて見づらい」と感じる方も多いかもしれません。以下の方法で、フォントサイズを変更できます。

1 ［ツール］メニューの［オプション］を選択
2 ［エディターの設定］タブにて「サイズ」を変更して「OK」ボタンを押す

以上で、VBEのフォントサイズが変更されます。

レッスン **4**
マクロの記録の限界

1. マクロの記録、便利だけど……

ここまでの説明で、「マクロの記録」を使えば簡単にマクロを作ることができることがわかりました。しかし、「マクロの記録」で作ることができるのは、**マクロ全体のうちほんの一部**です。

「マクロの記録」では、作ることができるマクロの自由度は高くありません。

例えば、「マクロの記録」では、以下のような機能を利用することはできません。

▶ 動画レッスン2-4

https://excel23.com/
vba-juku/chap2-
lesson4/

- 条件によって処理を分岐する（条件分岐）
- 同じような処理を反復する（繰り返し）
- 変数という領域にデータを一時記憶させる（変数）
- マクロのみで利用できる関数を利用する（VBA関数）

その他、マクロの様々な便利な機能を、「マクロの記録」では利用することができないのです。したがって、「マクロの記録」だけで作成するマクロは、**実務での応用範囲はそれほど広くありません。**

2. マクロの記録を卒業し、VBAを使いこなせるようになろう！

一方、「マクロの記録」を使わずにVBAのコードを直接書くことができれば、先ほど挙げた便利な機能を**すべて使用することができます。**

マクロの機能を十分に活用するためには、VBAのコードを直接書くことは避けて通れません。逆に言えば、VBAのコードを書くことができれば、Excelの実力を100%、120%と引き出すことができるようになれると言えます。

早いうちから「マクロの記録」を卒業し、VBAのコードを書いてマクロを作れることを目

第**2**章 ▼ マクロ記録とVBA

指していきましょう。次の章からはいよいよVBAのコードを書く方法について詳しく解説していきます。

 補足

辞書の代わりに「マクロの記録」を使うという利用法もある

実は、VBA経験者でも「マクロの記録」を使うケースはあります。それは、辞書の代わりのように使うケースです。ある処理について、VBAのコードでどのように記述すればいいか分からないとき、「マクロの記録」を利用すれば、自動的に記録されたコードを見て調べることができます。

このレッスンで説明したように、実用マクロを作る目的ですと「マクロの記録」はベストな手段ではありませんが、辞書の代わりに使うという利用法を知っておくと後々に役立つでしょう。

第3章

最初のVBA、
プロシージャ

ここからは、いよいよVBAのコードを書いていくよ！

うおー、頑張るッス！ ……で、何から始めたらいいッスか？

まずは「モジュール」というものを作るよ。
モジュールは、VBAのコードを書くための文書ファイルみたいなものだね。
料理に例えると、レシピ書のようなものだと考えてみよう。

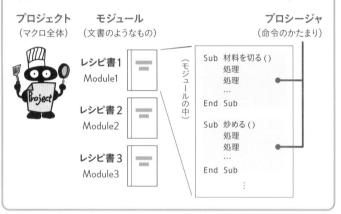

ふむふむ。
モジュール＝コードを書くための文書みたいなモノ、ッスね。

次に、そのモジュールの中に「プロシージャ」を作る。
プロシージャとは、命令の1つのかたまりのこと。
料理に例えると、「材料を切る」とか「炒める」といった命令のかたまりの1つ1つをプロシージャと呼ぶ。

なるほど。プロシージャ＝命令の1つのかたまりってことッスね。

そして、そのプロシージャの中に、1行ずつコードを書いて処理を行うんだ。

ここにようやくコードを1行ずつ書いていくッスね!

そういうこと!
なお、モジュールを含めたマクロ全体のことを「プロジェクト」というよ。

う〜ん、なんだか用語に混乱してきたッス……!

最初は、これらの用語を意識しすぎると混乱するかもしれないね。
初級レベルでは、まずは次のことだけを頭に入れておこう。
マクロを作るには、

① まず「モジュール」を作る
② その中に、「Sub プロシージャ名 ()」〜「End Sub」と書く
③ その中に、コードを1行ずつ書いていく

この3つのステップさえ押さえておけば、VBAのコードを書き始めることができるんだ。

これなら覚えられそうッスね!

まずはコードを書いて、その通りにマクロが動くことを確かめながら、1つ1つ理解していこう!

準備運動。はじめてのVBAを書こう

XLSX 教材ファイル「3章レッスン1.xlsx」を使用します。

▶ 動画レッスン 3-1

1. 目標は、メッセージボックスを出力するマクロ

ここからは、いよいよVBAのコードを直接記述していきます。まずは準備運動です。右図のようなメッセージボックスを出力するマクロを作成します。

https://excel23.com/
vba-juku/chap3-
lesson1/

補足

ExcelとVBEのウィンドウを横に並べながら確認しよう

ここからは、ExcelとVBEのウィンドウを横に並べて、見比べながら進めることをおすすめします。

- 画面の左側にExcelのウィンドウを配置
- 画面の右側にVBEのウィンドウを配置

以上のように横に並べておくと、マクロを開発しやすくなります。今後はそれをクセにするとよいでしょう。

ここではWindows10における操作方法を紹介します。

1 まずはVBEを起動します（Excelを開いたままAlt + F11のショートカットキー）。

2 Excelウィンドウを選択して、**Windows キー＋**「←」**キー**を同時に押すと（❶）、Excelの
ウィンドウが画面の左半分に配置されます。

3 続いて、画面の右半分に表示するウィンドウを選択できる状態[※1]になったら、VBEの
ウィンドウをクリックして選択（❷）します。すると、VBEのウィンドウが画面の右半分
に配置されます。

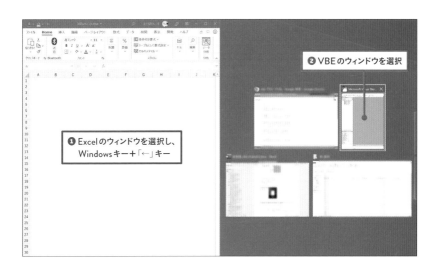

❷ VBE のウィンドウを選択

❶ Excel のウィンドウを選択し、
Windows キー＋「←」キー

2. VBAのコードを書くには？ まずは「モジュール」を挿入！

VBAのコードを記述するには、「モジュール」を挿入します。モジュールとは、VBAの命
令文をひとまとまりにする文書のようなものです。
以下の手順でモジュールを挿入しましょう。

1 VBEのウィンドウにおいて、プロジェクト エクスプローラー（画面左上）の空白の部分を右クリッ
クする（次ページの ❶）

※1 その状態にならなかった場合は、VBEのウィンドウをクリックして選択し、Windowsキー＋「→」キーを押すことで、画面
の右側に配置することができます。

2 右クリックメニューが表示されるので、「挿入」>「標準モジュール」をクリックする（❷）

（または、VBEの上部にある「挿入」メニューを選択し、「標準モジュール」をクリックすることで同様の操作ができます）

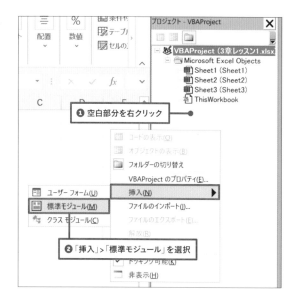

❶ 空白部分を右クリック

❷「挿入」>「標準モジュール」を選択

3「標準モジュール」の下に「Module1」というモジュールが挿入される（❸）

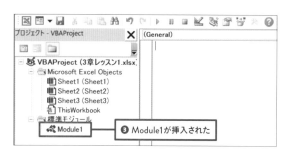

❸ Module1が挿入された

これで、モジュール「Module1」が追加されました。
また、右側にコードウィンドウが表示されます。

補足

理解しておこう！
マクロは「モジュール」「プロシージャ」で構成される

VBAの学習をしていると、「モジュール」「プロシージャ」という言葉が頻出します。しかし、それらがどういう関係なのか、初心者の方には分かりにくく、混乱してしまう方も少なくありません。ここでは「モジュール」「プロシージャ」という用語について、例えを用いて説明します。

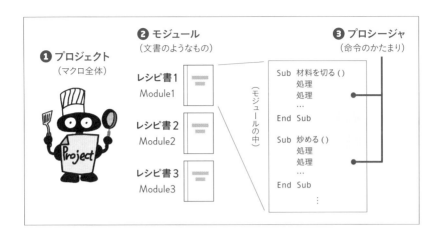

上記は、マクロを「料理人」に例えた図です。**赤字は、マクロ（VBA）の用語**です。

❶ プロジェクト：マクロ全体を意味します。プロジェクトは、モジュールで構成されます。

❷ モジュール：VBAのコードを保存しておく文書のようなものです。料理に例えると「レシピ書」のようなものと考えるといいでしょう（モジュールは1つしかなくても成立します。複数あっても構いません。通常、VBAの初級レベルでは、モジュールは1つだけ作成するのが一般的です）。

❸ プロシージャ：モジュールの中に記述する、命令の1つのかたまりをプロシージャといいます。料理に例えると「材料を切る」「炒める」といった具体的な命令の単位がプロシージャだと考えるといいでしょう。

VBAのコードでは、「Sub プロシージャ名 ( ) 」～「End Sub」というコードの範囲が、1つのプロシージャです（正確には「Subプロシージャ」といいます。Subプロシージャ以外にもプロシージャには種類がありますが、初級レベルではほぼ使用しません）。

以上が用語の説明でした。**2.** で「Module1」を挿入したのは、モジュール（レシピ書のようなもの）を1つ挿入したということです。しかし、まだModule1には何もコードが記述されておらず、白紙の状態です。そこにコードを書き込んで、具体的なプロシージャを作成していくのが **3.** からの流れとなります。

モジュールの種類は色々ある

ひとことで「モジュール」といっても種類は色々あります。今回 **2.** では「標準モジュール」を挿入しましたが、その他にも様々なモジュールがあり、用途によって使い分けます。

現時点では、すべてのモジュールの種類を理解する必要はありません。**初級レベルでは「標準モジュール」だけで十分**です。当分は「標準モジュール」を使うものだと思っておいて問題ないでしょう。

モジュールの種類一覧

右図は、すべての種類のモジュールを挿入した状態での表示です。

（※）のついたモジュールは、本書では使用しません。

種類	説明
❶ シートモジュール （※）	シート単体に紐付けるマクロを作成する際に使用します。 例えば、シート上で何らかの操作が行われた際に処理を実行する「イベントマクロ」などが該当します。
❷ ブックモジュール （※）	ブック全体に紐付けるマクロを作成する際に使用します。 例えば、ブック上で何らかの操作が行われた際に処理を実行する「イベントマクロ」などが該当します。
❸ フォームモジュール （※）	ユーザーフォームというウィンドウを利用するマクロを作成する際に利用します。
❹ 標準モジュール	通常はこのモジュールに自作のマクロ（プロシージャ）を記述します。
❺ クラスモジュール （※）	クラスという概念を利用したマクロを作成する際に使用します。

3. コードを記述してみよう

標準モジュールを挿入できたら、いよいよコードを記述していきます。

1. 開始～終了を記述する (Subプロシージャ、End Sub)

まずは、マクロの開始と終了を意味するコードを記述していきます（すべて半角で入力してください）。

「Sub SayHello」まで記述して[Enter]キーで改行すると、その他のコード（「()」や「End Sub」）は自動的に挿入されます。

- マクロの命令のひとかたまりを「プロシージャ」と呼びます。
- 「Sub」の次に書いた「SayHello」という文字列が、プロシージャの名前です（「プロシージャ名」と呼ばれます。本書第2章で紹介した「マクロ名」とほぼ同意語です）。
- 今回のプロシージャ名は「SayHello」でしたが、名前は自由に決めることができます。
- 「Sub プロシージャ名」～「End Sub」までが、プロシージャの開始と終了を意味します。

2. インデント (字下げ) をして、処理内容のコードを記述する

2行目でTabキーを押してインデント（字下げ）をして、コードを記述します（「こんにちは」以外は半角で入力します）。

- 「MsgBox」は「メッセージボックス」と読みます。これはVBA関数というものの一種で、メッセージを出力する機能があります。
- MsgBoxのあと半角スペースを空けて "こんにちは" という文字列を記述しています。こ

の文字列が、実際にメッセージで出力される文字列となります。

- "こんにちは"の両端を「"」(ダブルクォーテーション)で囲っているのは、VBAのルール上、文字列は""で囲うという約束があるためです。

- 「MsgBox」と記述する前に、Tabキーを押してインデント(字下げ)をしている理由は、以下の「補足」で説明します。

補足

インデント (字下げ) してコードを整えよう

「Sub」~「End Sub」の間に記述するコードは、行頭をインデント(字下げ)して記述するのが一般的な作法といわれています。インデントすることで、そのコードが「Sub」~「End Sub」の間にあるコードであることが視覚的にわかりやすくなります。

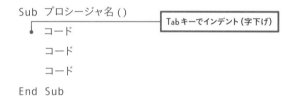

実際のところ、VBAでは、インデントをしなくてもエラーにはなりません。ですが、インデントすることによってコードを読みやすくする効果があります。読みやすいコードを書くことで、後で自分のコードを読み返すときや、他人がコードを読んだときに理解しやすく、読み間違えにくいコードになります。このように、自分や他人が読みやすいコードを書くように意識することは、マクロ開発の生産性を上げることにつながります。

4. マクロを実行してみよう!

コードを記述できたら、マクロを実行してみましょう。

1. VBEの「マクロの実行」ボタンを押す

またはF5キーでも実行できます。

「マクロの実行」ボタン

```
Sub SayHello()
    MsgBox "こんにちは"
End Sub
```

2. メッセージボックスが出力される

図のようなメッセージボックスが出力されます。「OK」ボタンをク
リックすると、マクロが終了します。

これで操作は終わりです。次のレッスンの前に、このブックを名前
を付けて保存する（マクロ有効ブックとして保存する）か、保存せずに閉
じておきましょう。

マクロの実行ボタンを押す際は、実行したいプロシージャの「Sub」～「End Sub」の間に
ある行をクリックして、そこにカーソルがある状態でボタンを押す必要があります。
そうでない場合、以下のようなウィンドウが表示されることがあります。

このウィンドウは、文字入力のカーソルが「Sub」～「End Sub」の間ではない場所にある
状態で実行ボタンを押した場合に表示されます。その場合は、マクロ名（プロシージャ名）を選
択して「実行」ボタンを押す必要があります。

プロシージャに名前をつける際のルール

先ほどの例ではプロシージャ名に「SayHello」と入力しましたが、プロシージャ名は自由に決めることができます（日本語でも英語でも可能です）。

ただし、例外はあります。

- 記号は「_」（アンダースコア）のみ可能です。
- 先頭に数字や「_」は使えません。
- Sub、End、Dim、Forなど、VBAの文法で使用するあらかじめ決まっているキーワードそのものをプロシージャ名にはできません（このような特定のキーワードを「予約語」といいます）。

よく質問をいただくのですが、「プロシージャ名は日本語がいいんですか？ 英語がいいんですか？」というお話があります。基本的には「**意味がわかりやすければ日本語でも英語でもどちらでもいい**」と筆者は考えています。重要なのは、一定の名付けのルールを決めて、すべてそれに統一することです。名前の付け方に一貫性がなくバラバラに混在していると混乱しやすくなります。また、もし職場や組織内で「名前付け」のルールなどがあれば、それに従うようにしましょう。

コードの自動補完（自動メンバー表示）を利用しよう

「コードを記述するのが大変だ」「ミスタイプが多く、もっと正確に速くコードを打ちたい」という方におすすめの方法を紹介します。

コードを途中まで入力して「**自動メンバー表示**」という機能を使うと、キーワードの候補が表示されます。候補の中からキーワードを選んで、コードを**自動補完**することができます。

例えば、

Ms

とコードを途中まで打って、**Ctrl+Space** または **Ctrl+J キー**を押すと、コードの下
にキーワードの候補が表示されます（これが「自動メンバー表示」です）。キーボード
の↑↓キーで候補を選択し、**Tabキー**で決定すると、コードが自動補完されます。

MsgBox

このように、自動メンバー表示を利用すると、コードを素早く正確に入力できます。

なお、キーワードの候補が1つしか存在しない場合、Ctrl+SpaceまたはCtrl+Jを
押すと、即座にキーワードが補完されます。例えば、「MsgB」と入力して自動メン
バー表示を利用すると、即座に「MsgBox」というキーワードが補完されます。

確認問題

📄 教材ファイル「3章レッスン1確認問題.xlsx」を使用します。

1. 教材ファイルを開いてください。

▶ 動画レッスン3-1t

2. VBEを開き、標準モジュールを挿入してください。

3. 標準モジュールに、以下のSubプロシージャを記述してください。
   プロシージャ名：「SayGoodBye」

https://excel23.com/
vba-juku/chap3-
lesson1test/

4. 問題**3**で作成したプロシージャ「SayGoodBye」に、以下の
   処理を記述してください。
   処理内容：メッセージボックスで、" お先に失礼します " という文字列を出力する

5. 教材ファイルを、「マクロ有効ブック」として保存してください。
   ブック名：「3章レッスン1確認問題.xlsm」

※模範解答は、366ページに掲載しています。

知っておきたい、「MsgBox」と「Debug.Print」

📄 教材ファイル「3章レッスン2.xlsm」を使用します。　　▶ 動画レッスン3-2

https://excel23.com/
vba-juku/chap3-
lesson2/

1. MsgBox 関数の使い方

先ほど**レッスン1**で紹介した「MsgBox」は、その後ろに文字列を
記述するとそのメッセージを出力することができます。このように、後
ろに付け加えるデータを「引数」といいます。引数を書き換えれば、
様々なメッセージを出力できます。

書式

```
MsgBox 引数
```

▶ 引数に記述した文字列をメッセージボックスで出力します

例

```
Sub example3_2_1()
    MsgBox "こんばんは"
    MsgBox 100
End Sub
```

マクロを実行すると、メッセージボックスが2回出力されます。

"こんばんは" のような文字列は「""」で囲う必要があります。それは、VBAのルー
ル上、**文字列は「""」で囲う**という決まりがあるからです。

一方、「100」のような数値については、文字列ではないので「""」で囲う必要があり
ません。

- **文字列は""で囲う**
- **数値は""で囲わない**

と覚えておきましょう。

2. Debug.Printも知っておこう

VBAを学ぶ上でもう1つ知っておきたいのが「Debug.Print」です。MsgBox関数と同
じように、文字列などを出力することができます。

書式

```
Debug.Print 引数
```

▶ 引数に記述した文字列や数値を、「イミディエイトウィンドウ」という場所に出力します

例

```
Sub example3_2_2()
    Debug.Print "おはよう"
End Sub
```

Debug.Printの結
果は、「イミディエイト
ウィンドウ」という場所
に出力されます。

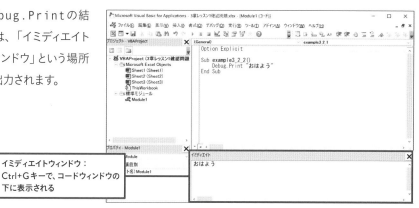

イミディエイトウィンドウ：
Ctrl+Gキーで、コードウィンドウの
下に表示される

イミディエイトウィンドウは、VBEの初期状態では表示されていません。表示させるには、**Ctrl+Gのショートカットキー**を押すか、「**表示**」メニューの「**イミディエイトウィンドウ**」をクリックしてください。すると、イミディエイトウィンドウが表示されます。

3. Debug.PrintとMsgBoxは何が違うか？

「Debug.Print」は、マクロの開発者だけが見ることのできる情報を出力する機能です。それに対して「MsgBox」は、**ユーザー（マクロを利用する側）に対して何らかのメッセージ**を伝えるために使用します。

Debug.Printの結果は、イミディエイトウィンドウに出力されます。イミディエイトウィンドウは、VBEでしか閲覧できません。そのため、ユーザーには見ることができません。そのような理由から、Debug.Printは、VBAの開発者がマクロの動作確認をするためによく使われます。

一方、MsgBoxの結果は、Excelのシート上にポップアップ表示されます。そのため、ユーザーに直接メッセージを伝える目的で利用されることが多いです。

まとめると、「**Debug.Printは開発者向け、MsgBoxはユーザー向け**」と覚えておくとよいでしょう。

種類	出力先	主な用途
Debug.Print	VBEのイミディエイトウィンドウ	VBAの開発者がマクロの動作確認に使用する
MsgBox	Excelのシート上にポップアップ表示	ユーザーにメッセージを伝える

補足

マクロを動作確認したり、バグの修正をすることを 「デバッグ」という

マクロの動作確認やバグの修正をすることを「デバッグ」といいます。

MsgBoxやDebug.Printは、デバッグの目的でよく使用されます。

VBAの学習は、日々「デバッグ」の連続です。デバッグの際、MsgBoxやDebug.Printは非常に役に立ちます。

確認問題

📄 教材ファイル「3章レッスン2確認問題.xlsm」を使用します。

1. MsgBoxで"お疲れ様です"という文字列を出力してください。 ▶ 動画レッスン3-2t

2. MsgBoxで1000という数値を出力してください。

3. Debug.Printで"お世話になっております"という文字列を出力してください。

4. Debug.Printで9999という数値を出力してください。

https://excel23.com/
vba-juku/chap3-
lesson2test/

※模範解答は、366ページに掲載しています。

レッスン3
マクロをボタンで実行できるようにしよう

📄 教材ファイル「3章レッスン3.xlsm」を使用します。 ▶ 動画レッスン3-3

1. マクロの実行ボタンを作る

ここでは、Excelのシート上にボタンを設置し、ボタンを押せばマクロが実行されるようにする方法を解説します。

https://excel23.com/
vba-juku/chap3-
lesson3/

2. ボタンの挿入方法

シート上に、マクロの実行ボタンを作る方法を紹介します。

第3章 ▼ 最初のVBA、プロシージャ

1.「開発」タブの「挿入」からボタンを挿入する

「開発」タブ（❶）の「挿入」をクリック（❷）し、「フォームコントロール」の一番左上のボタンをクリック（❸）します。

2. ドラッグしてボタンを作る

マウスのカーソルが「＋」の形になるので、そのままマウスで対角線を描くようにドラッグします。

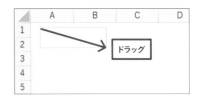

3.「マクロの登録」ダイアログボックスが表示される

すると、「マクロの登録」ダイアログボックスが表示されます。この画面は、「ボタンを押したらどのマクロを実行させるか？」を選択するための画面です。

ここでは、「SayHello」を選択して「OK」をクリックします。

4. ボタンが作成される

以上でボタンを作成することができました。

ボタンを挿入した直後は、クリックしてもマクロを実行することができません。

一度、ボタンの外部をクリックすることで、ボタンの選択が解除され、ボタンを押してマクロを実行できるようになります。

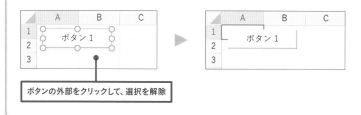

ボタンの外部をクリックして、選択を解除

補足

ボタンをカスタマイズしてみよう

以下のように、ボタンの設定を変更することができます。

- ボタンに表示するテキスト（文字列）の内容
- ボタンで実行するマクロ
- ボタンの大きさや場所

1. ボタン上を右クリックして設定を変更

ボタン上で右クリックすると表示されるメニューから、以下の2つの設定を変更できます。

- **テキストの編集**

  ボタンに表示するテキスト（文字列）を変更できます。

- **マクロの登録**

  ボタンで実行されるマクロを変更できます。

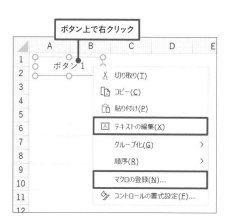

2. ボタンの位置や大きさを変更する

1.でボタン自体を右クリックすると、8方向に白いハンドルが表示されます。この状態で以下の操作を行います。

● **枠線をドラッグ**

ボタンを移動できます。

● **ハンドルをドラッグ**

8方向に拡大・縮小して大きさを変更できます。

ボタンを右クリックする代わりに、Ctrlキーを押しながらボタンをクリックすることでも8方向に白いハンドルが表示されます。

3. ボタンの外のセルをクリックしてボタンの選択状態を解除

4. ボタンを再び選択状態にする（いずれの操作でも可能）

● Ctrlキーを押しながらボタンをクリックする

● ボタンを右クリックする

ボタンを選択したままDeleteキーを押せば、ボタンを削除することができます。

ボタンを設置する場所にも注意！

ボタンを設置する場所には注意しましょう。

例えば、次の図のように一覧データの下にボタンを設置してしまった場合、新しいデータを表の下に入力する際、**ボタンが邪魔になってしまいます。**また、シートに行や列を挿入したり、列幅や行の高さを変更した場合、**ボタンも同様に移動したり大きさが変化してしまう**ことがあります。

こうした問題を避けるためにおすすめの方法が2つあります。

	A	B	C	D	E	F	G	H	I	J
1	購入ID	日付	氏名	商品コード	商品名	商品分類	単価	数量	金額	送料
2	1	2020/1/1	相川なつこ	a00001	Wordで役立つビジネス	Word教材	3980	2	7,960	0
3	2	2020/1/2	長坂美代子	a00002	Excelデータ分析初級編	Excel教材	4500	2	9,000	0
4	3	2020/1/3	長坂美代子	a00003	パソコンをウィルスか	パソコン教材	3980	1	3,980	0
5	4	2020/1/4	篠原哲雄	a00001	Wordで役立つビジネス	Word教材	3980	1	3,980	0
6	5	2020/1/5	布施實	a00004	超速タイピング術	パソコン教材	4500	1	4,500	0
7	6	2020/1/6	布施實	a00005	PowerPointプレゼン術	PowerPoint教材	4200	1	4,200	0
8	7	2020/1/7	水戸陽太	a00006	PowerPointアニメーシ	PowerPoint教材	2480	2	4,960	0
9	8	2020/1/8	水戸陽太	a00007	はじめからWindows入門	パソコン教材	1980	2	3,960	0
10	9	2020/1/9	山田大地	a00008	初心者脱出のExcel術	Excel教材	2480	1	2,480	0
11	10	2020/1/10	山田大地	a00003	パソコンをウィルスか	パソコン教材	3980	1	3,980	0
12	11	2020/1/11	山田大地	a00002	Excelデータ分析初級編	Excel教材	4500	1	4,500	0
13	12	2020/1/12	山田大地	a00001	Wordで役立つビジネス	Word教材	3980	1	3,980	0
14	13	2020/1/13	小林アキラ	a00009	Excelこれから入門	Excel教材	2480	1	2,480	0
15	14	2020/1/14	小林アキラ	a00010	Wi-Fiでつながるインタ	パソコン教材	1980	1	1,980	0
16	15	2020/1/15	吉川真衣	a00005	PowerPointプレゼン術	PowerPoint教材	4200	1	4,200	0
17	16	2020/1/16	吉川真衣	a00004	超速タイピング術		4500	1	4,500	0
18	17	2020/1/17	白川美優	a00011	Excelピボ ー テ	あまりよくない場所		1	3,600	0
19	18	2020/1/18	若山佐一	a00012	Wordじっくり入門	Word教材	2480	2	4,960	0
20										
21				マクロを実行						
22										
23										

1. 表のタイトル行と同じ行にボタンを設置する

表のタイトル行と同じ行にボタンを設置することで、新しいデータの入力や、フィルター抽出の邪魔にならず、行や列の挿入・削除の影響を受けにくくなります。

	A	B	C	D	E	F	G	H	I	J	K	L	M
1	購入ID	日付	氏名	商品コード	商品名	商品分類	単価	数量	金額	送料		マクロを実行	
2	1	2020/1/1	相川なつこ	a00001	Wordで役立つビジネス	Word教材	3980	2	7,960	0			
3	2	2020/1/2	長坂美代子	a00002	Excelデータ分析初級編	Excel教材	4500	2	9,000	0			
4	3	2020/1/3	長坂美代子	a00003	パソコンをウィルスか	パソコン教材	3980	1	3,980	0			
5	4	2020/1/4	篠原哲雄	a00001	Wordで役立つビジネス	Word教材	3980	1	3,980	0			
6	5	2020/1/5	布施實	a00004	超速タイピング術	パソコン教材	4500	1	4,500	0			
7	6	2020/1/6	布施實	a00005	PowerPointプレゼン術	PowerPoint教材	4200	1	4,200	0			

2.「セルに合わせて移動やサイズ変更をしない」設定

ボタンを右クリックして表示されるメニューから「コントロールの書式設定」を選択し、「プロパティ」タブの「**セルに合わせて移動やサイズ変更をしない**」に変更することで、行や列の挿入や削除に影響されないようになり、**ボタンは常に固定の場所に留まるようになります**。

xlsm 教材ファイル「3章レッスン3確認問題.xlsm」を使用します。

1. シートに、以下のマクロを実行するためのボタンを挿入してください。
   実行するマクロ：「work3_3_1」プロシージャ

   ▶ 動画レッスン3-3t

2. 問題1.で挿入したボタンの大きさと位置を変更し、セル範囲B2:C3の範囲内に収まるように配置してください。

   https://excel23.com/vba-juku/chap3-lesson3test/

3. ボタンを押してマクロを実行してください。

4. ボタンのプロパティを変更し、「セルに合わせて移動やサイズ変更をしない」に設定してください。

5. ボタンを削除してください。

レッスン**4**

他にも出力できる、MsgBoxとDebug.Printの応用例

xlsm 教材ファイル「3章レッスン4.xlsm」を使用します。　▶ 動画レッスン3-4

1. 計算の結果を出力する

MsgBoxやDebug.Printを使用して、計算の結果を出力することもできます（計算をするためのコードの書き方について、詳しくは第5章にて解説します）。

https://excel23.com/vba-juku/chap3-lesson4/

例

```
Sub example3_4_1()
    MsgBox 100 + 200
    Debug.Print 100 + 200
End Sub
```

- 上記では、「100 + 200」という計算式を記述しています。
- マクロを実行すると、その計算結果の「300」がメッセージボックスとイミディエイトウィンドウで出力されます。

間に「半角スペース」を入れる必要がありますか?

よくある質問として、『「100+200」と記述するとき、100と+と200の間に半角スペースを入れる必要がありますか?』というものがあります。

厳密にいうと「スペースは必要」なのですが、**スペースを入れずに入力しても、自動的に挿入されます。**

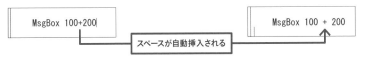

例えば、以下のようにスペースなしで数式を入力します。

```
MsgBox 100+200
```

その後、

- Enterキーで改行する
- またはキーボードの↑↓キーで**別の行にカーソルを移動する**

といった操作をすると、次のように自動的に半角スペースが挿入されます。

```
MsgBox 100 + 200
```

このように、数値どうしの計算式では、自動的に半角スペースが挿入されるので、
気にしすぎる必要はないと考えてよいでしょう。

なお、「MsgBox」と「100」の間には手動で半角スペースを入力する必要がある
ので気をつけましょう。

2. 文字列を連結して出力する（＆演算子）

「＆」を使用すると、その左右にある文字列を連結することができます。「＆」という記号は、
「文字列連結演算子」と呼ばれます。その名の通り、文字列を連結するという役割を意味
します。

文字列1 ＆ 文字列2

▶ 上記の結果、文字列1と文字列2が連結されて、「文字列1文字列2」になります

以下に具体的なコード例を紹介します。

```
Sub example3_4_2a()
    MsgBox "こんにちは" & "佐藤さん"
    Debug.Print "こんにちは" & "佐藤さん"
End Sub
```

● 上記の結果、メッセージボックスで「こんにちは佐藤さん」と出力された後、イミディエ
イトウィンドウにも「こんにちは佐藤さん」と出力されます。

また、文字列と数値を連結させたり、文字列と数式の結果を連結させることもできます。

例2

```
Sub example3_4_2b()
    MsgBox 10000 & "円"
    MsgBox 1000 + 2000 & "円"
End Sub
```

- それぞれメッセージボックスで「10000円」、「3000円」と出力されます。
- 1行目は、「10000」という数値と、"円"という文字列を連結し、"10000円"という文字列が作られます。このように数値と「&」を記述した場合は、数値も文字列として扱われます。
- 2行目は、「1000 + 2000」という数式の結果(つまり3000)と、"円"という文字列を連結し、"3000円"という文字列が作られます。

「MsgBox 10000 & "円"」のようにコードを記述する場合、「10000」は文字列ではないので""で囲わずに記述します。また、「1000 + 2000」のような数式も、文字列ではないので""で囲わずに記述します。

コラム

「百聞は1コーディングにしかず」。確認問題をやろう!

「百聞は一見にしかず」ということわざがありますが、筆者は、VBAの学習においては「百聞は1コーディングにしかず」と唱えています。つまり、いくら勉強しても、実際にコーディング(コードを書くこと)をしなければ習得できず、実務で使いこなすことはできないという意味です。

筆者の開催した「VBA塾」では、受講者の皆さんに「宿題」に取り組んでいただきました。宿題とは、本書の確認問題のような問題を読んで、実際にVBAのコードを書いてもらうというものです。この宿題の反響は大きく、多数の受講者さんから「頭で分かっていたつもりが、コードを実際に書いてみるとエラーの連発で、理解できていないことに気づいた」「宿題をやって本当によかった」という感想をいただいています。筆者自身も、VBAについて学習する際、本やWebサイトを読

第3章 ▼ 最初のVBA, プロシージャ

んで理解したつもりでも、実際にコードを書いてみると全然使いこなせていないことに気づくことがよくあります。

本書では、そのような問題を回避するために、各レッスンに「確認問題」を設けています（第3章以降のすべてのレッスンに確認問題があります）。

もし、読者のあなたが、まだ本を読んでいるだけでコードをあまり書いていないようでしたら、ぜひ「確認問題」にもトライしてみてください。「百聞は1コーディングにしかず」です。

確認問題

xlsm 教材ファイル「3章レッスン4確認問題.xlsm」を使用します。

1. MsgBoxで1000+3000の計算結果を出力してください。

2. MsgBoxで"鈴木"という文字列と、"太郎"という文字列を連結した結果を出力してください。

3. Debug.Printで2000+4000の計算結果を出力してください。

4. Debug.Printで"消費税率"という文字列と"10%"という文字列を連結した結果を出力してください（ヒント："10%"は数値ではなく文字列として扱います）。

5. Debug.Printで"合計個数"という文字列と、「30」という数値を連結した結果を出力してください。

▶ 動画レッスン3-4t

https://excel23.com/vba-juku/chap3-lesson4test/

※模範解答は、366ページに掲載しています。

第4章

セルやセル範囲を
操作する

いよいよVBAで「セル」を操作する方法を学んでいくよ！

 やったー！　まずは何を勉強するッスか？

 まずは、オブジェクト、プロパティ、メソッドという3つの言葉を学んでいこう。

 オブジェクト、プロパティ、メソッドっすか。
また難しそうなカタカナの用語が出てきたッスね…

 　VBAでは、操作する対象のモノを「オブジェクト」という。
例えば、僕たちが日常的にExcelでよく操作している「セル」や「ワークシート」や「ブック」、「図形」「グラフ」なども、全部「オブジェクト」なんだ！

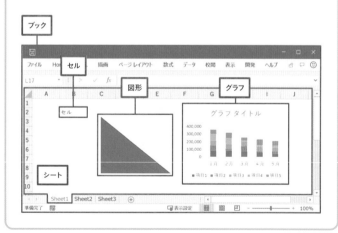

 ふむふむ。
操作できるモノのことをオブジェクトと呼ぶッスね！

うん。そして、オブジェクトは、2つの要素を持っている。
・オブジェクトの「状態」をあらわす「プロパティ」
・オブジェクトへの「命令」をあらわす「メソッド」

むむ？　といいますと？

例えばもし、セル男くん自身を「オブジェクト」と考えると、こうなるね。

対象（オブジェクト）

（例）セル男

.状態（プロパティ）

（例）セル男.年齢
　　　セル男.性別
　　　セル男.身長
　　　　　⋮

.命令（メソッド）

（例）セル男.逃げる
　　　セル男.寝る
　　　セル男.仕事する
　　　　　⋮

・セル男＝オブジェクト
・セル男の「状態」（プロパティ）＝「年齢」「性別」「身長」など。
・セル男の「命令」（メソッド）＝「逃げる」「寝る」「仕事する」など。

なるほど。
操作するモノ自体が「オブジェクト」で、そのオブジェクトの状態は「プロパティ」、オブジェクトへの命令は「メソッド」というッスね。

そういうことだね！
それらを学習しながら、具体的にセルを操作するコードについても学んでいこう！

レッスン**1**
セルを操作するには？（オブジェクト式）

📄 教材ファイル「**4章レッスン1.xlsm**」を使用します。　▶ 動画レッスン4-1

https://excel23.com/
vba-juku/chap4-
lesson1/

1. セルを操作するには？

実用マクロでは「セル」を操作することが最も多くなります。本章ではセルの操作の基本を解説していきます。まず、セルを操作するコードの例を紹介します（これから学習する内容なので、現時点でコードの意味を理解できなくても構いません）。

例

```
'セルA1に「100」を代入し、セルB1をクリアするコード例
Sub example4_1_1()
    Range("A1").Value = 100
    セルA1    の  値
    Range("B1").Clear
    セルB1    を クリア
End Sub
```

● 1行目は「セル**A1**の値に、**100**を代入する」という意味で、
● 2行目は「セル**B1**をクリアする（値や書式を削除する）」という意味です。

上記のようなコードのしくみについて、詳しく解説していきます。

2. 操作する対象は「オブジェクト」

VBAで操作する対象を「オブジェクト」といいます。オブジェクトには色んな種類や名称があります。次の図のように、Excelでよく目にするモノのほとんどは「オブジェクト」として操作することができます。

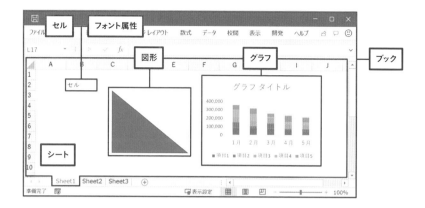

以下は、Excelでよく目にするオブジェクトとその名称の例です（※現時点ではこれらを暗記する必要はありません）。

表4-1-1

オブジェクトの種類	オブジェクトの名称
Excelアプリケーションそのもの	Applicationオブジェクト
ブック	Workbookオブジェクト
ワークシート	Worksheetオブジェクト
セル	Rangeオブジェクト
フォント属性	Fontオブジェクト
グラフ	Chartオブジェクト
図形	Shapeオブジェクト

第**4**章 ∨ セルやセル範囲を操作する

3. セルやセル範囲は「Rangeオブジェクト」

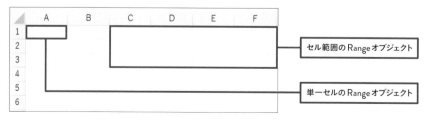

セルやセル範囲のオブジェクトを「Rangeオブジェクト」といいます。セルを操作するには、Rangeオブジェクトを操作します。

・単一のセルをあらわすRangeオブジェクト
・セル範囲（複数セル）をあらわすRangeオブジェクト
どちらも同様に「Rangeオブジェクト」と呼びます。覚えておきましょう。

4. Range（引数）で、セルやセル範囲を取得する

特定のセルやセル範囲のRangeオブジェクトを取得するコードの代表例を紹介します。

VBAの学習では「セル範囲を取得する」という表現がよく使われます。「取得する」とは、そのセル範囲を指定して呼び出してくるようなイメージの表現です。他書でも頻出する表現なので、言葉に慣れておきましょう。

書式

Range（引数）

- 「引数」とは、ある処理を行うために必要な**付加情報**のようなものです。ここでは、（ ）の中に引数を書き込むことで、どのセルを指定するか決めることができます。
- 例えばRange（"A1"）と記述すると、セルA1を指定できます。
- また、Range（"C1:F3"）と記述すると、セルC1〜セルF3を範囲指定することができます。このように、Range（"始点セル:終点セル"）の形式で記述すればセル範囲を指定できます。
- 引数は文字列として記述しなければならないため、「" "」（ダブルクォーテーション）で囲って記述します。

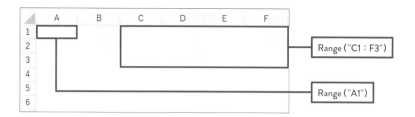

例

```
'セルA1を指定するコード例
Range("A1")

'セル範囲C1～F3を指定するコード例
Range("C1:F3")
```

コードはすべて半角で記述します。

VBAの学習では、「引数」という言葉が色んな場面で登場します。

第3章の**レッスン2**では「MsgBox 引数」という書式のコードを紹介しましたが、引数によって、メッセージボックスに出力する文字列を指定することができました。

今回、「Range(引数)」という書式のコードを紹介しました。ここでは、引数によって、セルやセル範囲を指定することができます。

このように、引数は色んな場面で登場しますが、いずれも共通するのは、「何かの処理に必要な付加データのことである」ということです。

5. オブジェクトには「プロパティ(状態)」と「メソッド(命令)」がある

オブジェクトは、その状態をあらわす「プロパティ」と、その命令をあらわす「メソッド」というものがあります。例えば、キャラクター「セル男」を例に説明します(赤字がVBAの用語です)。

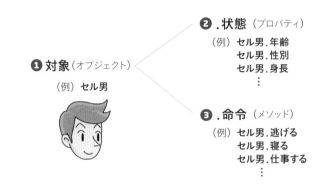

❶ **対象**（オブジェクト） :「セル男」など、操作する対象を意味します。

❷ **状態**（プロパティ） :「年齢、性別、身長」など、その状態や、持っているデータなど
を意味します。

❸ **命令**（メソッド） :「逃げる、寝る、仕事する」など、具体的な命令を意味します。

オブジェクトの「プロパティ」や「メソッド」を利用するには、以下のように「.」でつない
で式を書きます。このような式を「オブジェクト式」といいます。

書式

オブジェクト.プロパティ
オブジェクト.メソッド

「セル男」という架空のオブジェクトを例に挙げます。

例

「「セル男」というオブジェクトの「年齢」というプロパティを取得するコード

<u>セル男</u> . <u>年齢</u>
オブジェクト . プロパティ

「「セル男」というオブジェクトの「仕事する」というメソッドを実行するコード

<u>セル男</u> . <u>仕事する</u>
オブジェクト . メソッド

6. Rangeオブジェクトにも「プロパティ」と「メソッド」がある

セルやセル範囲のオブジェクトである「Rangeオブジェクト」にも、プロパティとメソッドがあります。

対象（オブジェクト）
Range（セル）

.状態（プロパティ）
.Value（値）
.Formula（数式）
.NumberFormatLocal（表示形式）

.動作（メソッド）
.Clear（クリアする）
.Copy（コピーする）
.Delete（削除する）

 現時点ですべて覚える必要はありません。これからレッスンを進めるうちに1つずつ登場していきますので、コードを書きながら順に把握していきましょう。

Rangeオブジェクトのプロパティやメソッドを利用する場合も、以下のように「.」でつないでコードを記述します。

書式

Rangeオブジェクト.プロパティ
Rangeオブジェクト.メソッド

続いて、具体的な例として
● 「Valueプロパティ」を7.で
● 「Selectメソッド」を8.で
それぞれ紹介します。

7. セルの値を取得する「Valueプロパティ」

まずは、実務で最もよく使われる「Valueプロパティ」を紹介します。
Valueプロパティによって、セルの値を取得できます。

```
Rangeオブジェクト.Value
```

```
'セルA1の値を取得する
Range("A1").Value
```
　　セルA1　　の　値

- 「Range("A1")」でセルA1を指定し、「.Value」でセルの値を取得します。
- 上記のように、「.」=「の」という言葉に置き換えると理解しやすくなります。

続いて、具体的なValueプロパティの使い方を紹介します。

Valueプロパティは、それだけを記述してもマクロの動作としては何も起こりません。

- [例1] のようにMsgBox関数でその値をメッセージで出力したり、
- [例2] のように、別の値を代入して書き換える

といった処理のためにValueプロパティを使います。コード例を見ていきましょう。

[例1] セルA1の値を取得し、メッセージボックスで出力する

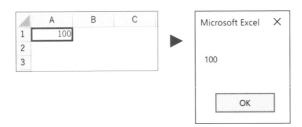

```
Sub example4_1_7a()
    MsgBox Range("A1").Value
End Sub
```

- MsgBox 関数は、「MsgBox 引数」という書式でコードを記述することで、その引数を メッセージに出力します。上記のコードでは、引数に「Range("A1").Value」と記述しているため、セル A1 の値がメッセージに出力されます。

次の［例2］では、Value プロパティに別の値を上書きします。Value プロパティは、値を取得するだけでなく、別の値を入れ込んで書き換えることもできます（このような処理を「代入」といいます）。

［例2］ セル A1 の値に「200」という値を代入する

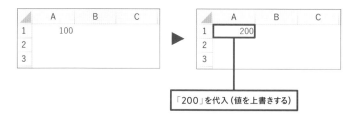

```
Sub example4_1_7b()
    Range("A1").Value = 200
       セルA1    の  値  に  200を代入
End Sub
```

- 「=」という記号は、「等しい」という意味ではありません。左辺 ⬅ 右辺に代入するという意味で使用します。
- 「Range("A1").Value」でセル A1 の値を指定しています。「= 200」は、そこに 200 を代入するという意味です。

次の［例3］は、数値ではなく文字列を代入する例です。

[例3] セルB1の値に"こんにちは"という文字列を代入する

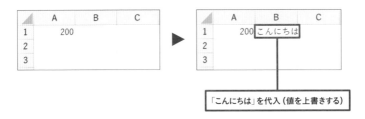

「こんにちは」を代入（値を上書きする）

例3

```
Sub example4_1_7c()
    Range("B1").Value = "こんにちは"
        セルB1    の  値   に  "こんにちは"を代入
End Sub
```

- 例2と同様に、セルに値を代入しています。
- 文字列の場合は、""（ダブルクォーテーション）で囲うのがVBAのルールです。セルに文字列を代入するときには忘れないようにしましょう。

次の［例4］は、セルの値を転記するコードです。つまり、セルの値を、別のセルの値に代入します。

[例4] セルB1の値を、セルA1に代入する（転記する）

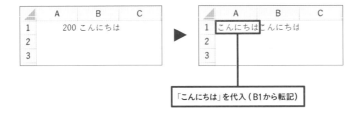

「こんにちは」を代入（B1から転記）

例4

```
Sub example4_1_7d()
    Range("A1").Value = Range("B1").Value
        セルA1   の 値   に   セルB1   の 値   を代入
End Sub
```

- 左辺 = 右辺 の式は、左辺 ← 右辺の方向へ値を代入するという意味です。
- 左辺は「Range("A1")」でセル A1を指定しています。
- 右辺は「Range("B1")」でセル B1を指定しています。
- 上記のコードの結果として、セル B1の値 " こんにちは " が、セル A1に転記されます。

8. セルを選択する「Selectメソッド」

次に、セルを選択する「Selectメソッド」を紹介します。「選択する」とは、Excelのシート上でセルをクリックして選択したり、ドラッグして複数選択することと同じような処理です。

書式

```
Rangeオブジェクト.Select
```

- Range オブジェクトは、単一のセルでも複数のセルでも可能です。

では、以下に具体的なコード例を紹介します。

例1

```
' セルA1を選択する
Sub example4_1_8a()
    Range("A1").Select
        セルA1   を 選択する
End Sub
```

- 上記のように、「.」=「を」という言葉に置き換えると理解しやすくなります。
- 「Range("A1")」でセル A1を指定し、「.Select」でそれを選択します。

```
' セル範囲D1:F5を選択する
Sub example4_1_8b()
    Range("D1:F5").Select
End Sub
```

- 「Range("D1:F5")」でセル範囲D1:F5を指定しています。
- 「.Select」で、上記のセル範囲を選択します。

9. オブジェクト、プロパティ、メソッドのまとめ

ここまでの学習をいったんまとめます。

1. VBAで操作する対象を「オブジェクト」といいます。
2. オブジェクトは、プロパティ(状態)やメソッド(命令)を持ちます。
3. セルやセル範囲のオブジェクトを、「Rangeオブジェクト」といいます。
4. Rangeオブジェクトは、例えばセルの値を取得する「Valueプロパティ」や、セルを選択する「Selectメソッド」があります。

確認問題

XLSm 教材ファイル「4章レッスン1確認問題.xlsm」を使用します。

	A	B	C	D
1	商品コード	商品名	商品分類	在庫数
2	a00001	Wordで役立つビジネス文書術	Word教材	
3	a00002	Excelデータ分析初級編	Excel教材	56
4	a00003	パソコンをウィルスから守る術		90
5	a00004	超速タイピング術	パソコン教材	80
6	a00005	PowerPointプレゼン術	PowerPoint教材	75
7	a00006	PowerPointアニメーションマスター	PowerPoint教材	38
8	a00007	はじめからWindows入門	パソコン教材	100
9	a00008	初心者脱出のExcel術	Excel教材	88

1. セルA1の値をメッセージボックスで出力してください。

2. セルD2に「75」を代入してください。

3. セルC4に"パソコン教材"という文字列を代入してください。

4. セルB1を選択してください。

5. セル範囲A1:D9を選択してください。

https://excel23.com/
vba-juku/chap4-
lesson1test/

※模範解答は、367ページに掲載しています。

 コラム

.Value は省略してもいいですか?

よくいただく質問として、以下のような質問があります。

- 「.Valueを忘れたままマクロを実行したのですが、エラーになりませんでした。」
- 「.Valueは省略しても問題ないんですか?」

結論からいうと、基本的には.Valueを省略しても問題ありません。ですが、省略してはいけないケースもあります。その代表例は、セル範囲からセル範囲へ値を転記する場合です。

以下のケースを例に紹介します。

右の表から、左の表へとセルの値を転記する場合のコードです。

	A	B	C
1	転記先		元データ
2			97843
3			70091
4			96295
5			14091
6			26852

第4章 セルやセル範囲を操作する

[例] セル範囲C2:C6の値を、セル範囲A2:A6に転記する

```
Sub サンプル ()
    Range("A2:A6").Value = Range("C2:C6").Value
End Sub
```

上記のコードでは、右辺の「.Value」を省略するのはNGです。コードを実行すると、セルA2:A6は空白のデータが代入されるだけで終わります。なぜそうなるのか理屈上の説明をすると難解な説明になってしまうためここでは控えますが、要するに「.Value」はRangeオブジェクトの既定のプロパティではないので、省略したら自動的に「.Value」が補完されないケースもあるのです。特に、今回のように右辺で複数セルを指定するコードを書く場合は「.Value」を忘れないように注意しましょう。

今後、「おや？ どんな場合に.Valueを省略してはいけないんだったか？」と忘れてしまって迷うくらいなら、.Valueは省略せずにすべて記述してしまった方が無難ともいえますね。

コラム

わずらわしい「自動構文チェック」を解除しておく

「自動構文チェック」とは、コードに間違いがあると警告メッセージが表示される機能です。
例えば、コードを「Range(」と途中まで記述し、Enterキーで改行したり別の行をクリックしたりすると、

「コンパイルエラー」という警告メッセージが表示されます。また、「Range(」というコードは赤色でハイライトされ、そのコードがエラーの原因箇所であることを示します。

「自動構文チェック」は親切な機能なのですが、この「コンパイルエラー」の警告メッセージが表示されると、OKボタンを押すまでVBEが操作不能になってしまいます。コードを書きながら、毎回毎回この警告メッセージで操作不能にされてしまうと、かえって邪魔になり不便に感じることがあります。

そこで、「自動構文チェック」を解除する設定をしておくことで、警告メッセージの表示を防ぐことができます。
自動構文チェックを解除するには、以下の操作を行います。

1 「ツール」メニューの「オプション」を選択（❶）
2 「自動構文チェック」のチェックを外し（❷）、「OK」をクリック

なお、「自動構文チェック」を解除しても、チェック機能自体はきちんと動作しており、間違ったコードがあった場合はその部分が赤字でハイライトされます。

★ ★ ☆

レッスン**2**
セルは「Cells」でも取得できる

xlsm 教材ファイル「4章レッスン2.xlsm」を使用します。　▶ 動画レッスン4-2

1. 「Cells(行,列)」でセルを取得する

レッスン1では「Range(引数)」という書式でセルやセル範囲を取得する方法を紹介しました。もう1つ、実務でよく使われるセルを取得するコードとして「Cells」を紹介します。

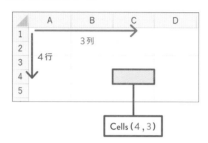

https://excel23.com/
vba-juku/chap4-
lesson2/

書式

```
Cells(行,列)
```

- ( ) の引数には、行,列という書式で数値を記述します。
- 行はシートの先頭行を「1」として順に数えます。
- 列はシートのA列を「1」として、「A,B,C…」=「1,2,3…」と順に数えます。
- 例えば「Cells(4,3)」と書いた場合、シートの4行3列を意味します（「3列」とは「C列」と同様なので、Cell(4,3)＝セルC4という意味になります）。

例

```
'セルC4(4行3列のセル)を選択する
Sub example4_2_1a()
    Cells(4,3).Select
End Sub
```

Cells(4,3)で、シートの4行目3列目を取得します。.Selectは、**レッスン1**で紹介したSelectメソッドです。Selectメソッドは、指定したセルを選択します。

070

Range("C4")という書き方とは違って、Cells(4,3)と書いた場合、引数は""で囲う必要はありません。その理由は、「4」や「3」は文字列ではなく数値だからです。

2. 「Cells(行,"列名")」と記述する方法もある

Cellsの引数の「列」は、数値ではなく、"A"や"G"などの列名を記述することもできます。

例

```
Cells(4,"C").Select
```

● 上記のように列名を記述する場合は、"C"は文字列なので「""」で囲う必要があります。

補足

初心者注意!
「Rangeオブジェクト」という言葉を理解し直そう

用語で混乱しないように、「Rangeオブジェクト」という用語についてもう一度理解し直しましょう。「Rangeオブジェクト」とは、セルやセル範囲そのものをあらわすオブジェクトです。

そして、Rangeオブジェクトを指定するためのコードの代表例は2つあり、

①Range(引数)という書き方
②Cells(行,列)という書き方

があります。

「RangeオブジェクトだからRange(引数)と書かないといけないんじゃないの?」とかん違いしてしまう初心者の方も少なくありません。

ですが、Rangeオブジェクトとはセルそのものであり、それを指定する方法は複数あるのです。「Range」という言葉は少々紛らわしいのですが、かん違いしてしまわないよう、一度、用語を整理しておきましょう。

3. RangeとCells、どちらで書くのがいい？

本章では、セルを指定するコードの書き方として、

- **Range (引数) という書き方**
- **Cells (行, 列) という書き方**

の2つの代表例を紹介しました。

よくいただく質問として、「RangeとCellsの**どちらで書くのがいいですか?**」という質問があります。結論から言うと、「**場合によって変わります**」という回答になります。

Range("A1:C5")のような書き方は、ぱっとコードを読んで直感的に意味を把握しやすいというメリットや、複数セルを範囲指定するのが簡単であるというメリットがあります。

一方、Cells(5,3)のような書き方は、ぱっとコードを読んだときにセルの位置を把握しにくいというデメリットや、単一のセルしか指定できないというデメリットがあります。しかし、引数をすべて数字で指定できることは大きなメリットです。なぜメリットなのかというと、のちに「変数」という概念を学習した後、「Cells(i,3)」や、「Cells(row,col)」など、数字を変数に置き換えやすいからです。Cellsは変数を使いやすいため、のちに「繰り返し」という項目を学習した後、セルを連続して一括処理するなどのコードが書きやすくなります。これはCellsの大きなメリットです。

ですが、現時点まで学習している知識では、Cellsで書くメリットはよく分からないと思います。今後学習を進めていくと、「なるほど！ 確かにこのケースならCellsで書いた方が便利だ」と感じるケースが増えてくるはずです。

現時点では、RangeとCellsのどちらかに統一する必要はありません。レッスンを進めながら、Rangeを使用する場合、Cellsを使用する場合について紹介していきますので、徐々に理解していきましょう。

以下に、RangeとCellsの比較をまとめます。

表4-2-1

書式	コード例	対象セル	備考
Range(引数)	Range("C5") Range("A1:C5")	単一セルも複数セルも指定できる	感覚的に理解しやすい 複数セルの指定が簡単
Cells(行,列)	Cells(5,3) Cells(5,"C")	単一セルのみ指定	数値だけでセルを指定できるので、変数と相性がいい

確認問題

XLSM 教材ファイル「4章レッスン2確認問題.xlsm」を使用します。

	A	B	C	D
1	商品コード	商品名	商品分類	在庫数
2	a00001	Wordで役立つビジネス文書術	Word教材	
3	a00002	Excelデータ分析初級編	Excel教材	56
4	a00003	パソコンをウィルスから守る術		90
5	a00004	超速タイピング術	パソコン教材	80
6	a00005	PowerPointプレゼン術	PowerPoint教材	75
7	a00006	PowerPointアニメーションマスター	PowerPoint教材	38
8	a00007	はじめからWindows入門	パソコン教材	100
9	a00008	初心者脱出のExcel術	Excel教材	88

1. Cellsを使用して、セルA1の値をメッセージボックスで出力してください。

2. Cellsを使用して、セルD2に「75」を代入してください。

3. Cellsを使用して、セルC4に"パソコン教材"という文字列を代入してください。

4. Cellsを使用して、セルB1を選択してください。

5. Cellsを使用して、セルD9を選択してください。

 ▶ 動画レッスン4-2t

https://excel23.com/
vba-juku/chap4-
lesson2test/

※模範解答は、367ページに掲載しています。

暗記は重要ではない！ VBAは「カンニングOK」

筆者が接してきたVBA初心者の方々の中には、「学んだことをすべて暗記しなければ次に進んではいけない」と思ってしまっている方も少なくありません。しかし、VBAの学習においては、丸暗記することは最重要ではありません。それよりもカンニングしながらでもいいから自分の作りたいマクロを作り上げるというゴール達成力の方が重要だと考えています。また、成長速度が速い学習者の特徴としても、「丸暗記よりも実務で使いこなせることの方が大事」というスタンスで取り組んでいる方が成長速度が速い傾向にあります。

もちろん、「Sub」や「Range」といった基本的なキーワードについては最低限、暗記していた方が学習効率が上がります。しかし、そういうキーワードは、コードを何度も書いて練習しているうちに無意識に覚えていくものなので、暗記のうちに入りません。

一方、「最終行を取得する」とか「シートをコピーする」といった学習項目について、本書でその方法を解説しているのですが、読んだことをその場ですべて暗記しなければ次に進んではいけないと思ってしまっているとしたら、それはよくない学習方法かもしれません。

学校教育における定期テスト対策や受験勉強では、多くの場合、「暗記して、テスト本番では何も見ずに答えを書く」ということが重要視されてきました。しかし、VBAのコードを書くときには**カンニング**OKです。

筆者が新卒社会人の頃、システム開発の会社に入って先輩に最初に教わったことの中で衝撃を受けたのが、「プログラミングは、カンニングOKだよ」という言葉でした。

どういう意味かというと、学んだことを丸暗記していなくても、情報を調べながら、目的の成果物を作ることさえできれば問題ないということです。プロの開発者でも、実際にプログラムを書くときには、自分の覚えていないことは「調べながら書く」ということはよくある話です。

VBAに話を置き換えると、VBAのコードを書くときに、何も調べずに自分の記憶だけを頼りに書けることを目標にしなくてもいいということです（もちろん、覚えているに越したことはありませんが）。むしろ、作るマクロの難易度が上がれば上がるほど、必要な情報を調べながら書かなければいけないケースは増えてきます。自分

で調べながらコードを書くという能力も、一種の「スキル」といえます。そのスキルは非常に重要です。

もし、本書をここまで読んでいて、「まだ読んだことを暗記できていないから、身についてない」と感じているようでしたら、それはもったいないことです。

それよりもまず、**確認問題に挑戦してみてください。**確認問題を解くときには、「VBAは、カンニングはOK」という言葉を思い出して、本書を読み返したり調べたりしながらコードを書いてみてください。そうして確認問題を解くことができたなら、スキルが身についているということですので、たとえ暗記できていなくても、先に進んでも大丈夫です。

コラム

自分だけのカンニングペーパーを作る（スニペット）

1つ前のコラムでは、「暗記は重要ではない。VBAはカンニングOK」という話をしました。しかし、「カンニングする」といっても、大小すべてのことを毎回Webで検索して調べるのでは効率がよくありませんね。

そこで、自分が使う頻度が高いコードの定型句を、1個のファイルなどにまとめておくことをおすすめします。**自分だけのカンニングペーパー**を作りましょう。

プログラマーは、そうした定型コードを「スニペット（コードスニペット）」などと呼びます。スニペットは、どのような形でまとめても構いません。紙やノートに書いてまとめるのもよいのですが、紙やノートだと、コードを直接コピーして貼り付けることができないので不便です。

例えば以下の方法があります。

- Windowsの「メモ帳」にコードをまとめて保存しておく
- Excelのマクロ有効ブックを1つ用意し、定型コード集として保存しておく
- 「Google Keep」などのクラウドメモ帳アプリに記録しておく

VBA塾の受講者さんの中には、「Google Keep」を使って定型コードをまとめていると答えた方が複数人いました。「Google Keep」は、メモをクラウドに保存して、様々なデバイス（PC、スマホ、タブレットなど）で共有できるアプリです。

勤めている職場の規定によってはそのようなクラウドメモ帳アプリを使うことは許可されない場合もあるので、その場合は別の手段を選ぶ必要がありますが、もし可能なら試してみるのもいいでしょう。

★ ★ ☆

レッスン3

セルのメソッドを利用しよう

📄 **教材ファイル「4章レッスン3.xlsm」を使用します。** ▶ 動画レッスン4-3

1. セルをクリアする「Clearメソッド」

先に説明したように、オブジェクトへの命令や動作を「メソッド」といいます。

https://excel23.com/
vba-juku/chap4-
lesson3/

このレッスンでは、セルを操作するいくつかのメソッドを紹介します。
「Clearメソッド」を使用すると、セルをクリアすることができます。
「クリアする」とは、セルの値や書式をすべて初期化することを意味します。Clearメソッドは、以下のような書式で記述します。

書式

```
Rangeオブジェクト.Clear
```

それでは、具体的なコード例を紹介します。
右の表において、タイトル行をのぞいたデータ全体（セル範囲A2:D13）をクリアするコード例です。

	A	B	C	D
1	商品コード	商品名	商品分類	単価
2	a00001	Wordで役立つビジネス文書術	Word教材	3,980
3	a00002	Excelデータ分析初級編	Excel教材	4,500
4	a00003	パソコンをウィルスから守る術	パソコン教材	3,980
5	a00004	超速タイピング術	パソコン教材	4,500
6	a00005	PowerPointプレゼン術	PowerPoint教材	4,200
7	a00006	PowerPointアニメーションマスター	PowerPoint教材	2,480
8	a00007	はじめからWindows入門	パソコン教材	1,980
9	a00008	初心者脱出のExcel術	Excel教材	2,480
10	a00009	Excelこれから入門	Excel教材	2,480
11	a00010	Wi-Fiでつながるインターネット超入門	パソコン教材	1,980
12	a00011	Excelピボットテーブル完全攻略	Excel教材	3,600
13	a00012	Wordじっくり入門	Word教材	2,480
14				

例

```
'セル範囲A2:D13をクリアする
Sub example4_3_1()
    Range("A2:D13").Clear
End Sub
```

- セル範囲 A2:D13 がクリアされます。
- Clear メソッドでは、セルの値も書式もクリアされます。したがって、A2:D13 の罫線なども消えてしまいます。

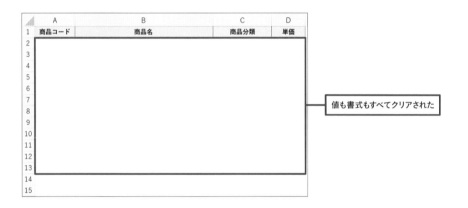

値も書式もすべてクリアされた

次の実習の準備のため、シートにある「リセットボタン」を押して、シートを初期化しておいてください。

2. セルの値をクリアする｜ClearContents メソッド」

1. で紹介したClear メソッドに似ていますが、「ClearContents メソッド」を紹介します。ClearContents メソッドは、セルの**値のみ**をクリアします。「セルの値のみをクリアする」とは、セルに入力されている値は消去しますが、**セルに適用されたフォントの書式や罫線といった書式設定は消去しない**ということを意味します。

他にも似たメソッドとして、書式のみをクリアするClearFormatsメソッドなどもあります。ClearFormatsメソッドの場合は、セルの書式はクリアしますが、値はクリアされずに残ります。

```
Rangeオブジェクト.ClearContents
```

```
'セル範囲A2:D13の値のみクリアする
Sub example4_3_2()
    Range("A2:D13").ClearContents
End Sub
```

- コードを実行すると、セル範囲A2:D13の**値のみがクリア**されます。
- ClearContentsメソッドでは、値のみがクリアされ、書式は残ります。マクロの実行後、A2:D13の**罫線などの設定は消えていない**ことがわかります。

	A	B	C	D
1	商品コード	商品名	商品分類	単価
2				
3				
4				
5				
6				
7				
8				
9				
10				
11				
12				
13				

次の実習の準備のため、シートにある「リセットボタン」を押して、シートを初期化しておいてください。

3. 「引数」が必要なメソッドもある

次の 4. に進む前に、重要なことを説明します。

メソッドの中には、「引数」という付加情報が必要なメソッドもあります。

右のイラスト例で例えます。
「オブジェクト.メソッド」の例として「**人物.調理する**」と命令を記述していますが、調理の対象物として、「**野菜を**」と指定しています。このような付加情報を「引数」といいます。
VBAのコードでは以下のように記述します。

人物 . 調理する　　野菜を
オブジェクト.メソッド　　引数

第4章

セルやセル範囲を操作する

書式

> オブジェクト . メソッド　引数

● メソッドと引数の間には「半角スペース」を1つ空けます。

4. からは、上記のように「引数」を必要とするメソッドの具体例を紹介します。

> 「引数」という言葉は、本レッスン以前にも何度か登場しています。
> 第3章では「MsgBox　引数」という書式を紹介しました。この場合、引数によりメッセージボックスに出力する文字列を決めることができます。
> 第4章のレッスン1では、「Range(引数)」という書式を紹介しました。この場合、引数によりセルやセル範囲を指定することができます。
> 今回のレッスンでは、「オブジェクト.メソッド　引数」という書式を紹介しています。この場合、引数によりメソッドが行う処理に必要な「材料」のようなものを指定できます。
> このように、引数はいろんな場面で登場しますが、いずれも共通するのは、「何かの処理に必要な付加データのことである」ということです。

4. セル範囲をコピーする「Copyメソッド」

セルやセル範囲をコピーするメソッドとして、「Copyメソッド」があります。

書式

> Rangeオブジェクト.Copy 貼り付ける場所

- セル範囲をコピーして、「貼り付ける場所」に指定したセルに貼り付けることができます。
- 貼り付ける場所のセルは、RangeやCellsで指定できます。

[例1] セルA1をコピーしてA15に貼り付ける

例1

```
Sub example4_3_4a()
    Range("A1").Copy  Range("A15")
      コピー元            貼り付ける場所
End Sub
```

- マクロを実行すると、セルA1がコピーされ、A15に貼り付けられます。
- 「Range("A1")」がコピー元で、「Range("A15")」が貼り付ける場所となります。

[例2] セル範囲A1:D13をコピーして、セルF1に貼り付ける

	A	B	C	D	E	F	G	H	I
1	商品コード	商品名	商品分類	単価					
2	a00001	Wordで役立つビジネス文書術	Word教材	3,980					
3	a00002	Excelデータ分析初級編	Excel教材	4,500					
4	a00003	パソコンをウィルスから守る術	パソコン教材	3,980					
5	a00004	超速タイピング術	パソコン教材	4,500					
6	a00005	PowerPointプレゼン術	PowerPoint教材	4,200					
7	a00006	PowerPointアニメーションマスター	PowerPoint教材	2,480					
8	a00007	はじめからWindows入門	パソコン教材	1,980					
9	a00008	初心者脱出のExcel術	Excel教材	2,480					
10	a00009	Excelこれから入門	Excel教材	2,480					
11	a00010	Wi-Fiでつながるインターネット超入門	パソコン教材	1,980					
12	a00011	Excelピボットテーブル完全攻略	Excel教材	3,600					
13	a00012	Wordじっくり入門	Word教材	2,480					
14									

❷ 貼り付ける

❶ コピーする

例2

```
Sub example4_3_4b()
    Range("A1:D13").Copy  Range("F1")
         コピー元              貼り付ける場所
End Sub
```

第**4**章　セルやセル範囲を操作する

- マクロを実行すると、セル範囲A1:D13がコピーされ、F1に貼り付けられます。
- Range("A1:D13") がコピー元で、Range("F1") が貼り付ける場所となります。

補足

貼り付ける場所は単一のセルでいい？

上記のコードでは、貼り付ける場所にはRange("F1") と記述しています。コピー元は複数セル（A1:D13）なのに、貼り付ける場所はF1という単一セルでいいのでしょうか？　実は、これで大丈夫なのです。実際、手動でExcelを操作する際にも、セル範囲をコピーした場合、貼り付けるときは、先頭の単一セルを指定すれば貼り付けることができるからです。同様にCopyメソッドにおいても、複数セルをコピーする場合、貼り付ける場所は単一セルを指定すれば大丈夫です。

次の実習の準備のため、シートにある「リセットボタン」を押して、シートを初期化しておいてください。

5. メソッドの「引数名」とは？

メソッドの引数には「引数名」という名前があります。

例えば 4. で紹介した Copy メソッドの正式な引数名は以下です。

```
'正式な引数名
Rangeオブジェクト.Copy Destination
```

「Destination」とは、Copy メソッドの正式な引数名です（4. では「貼り付ける場所」と表現しましたが、それは説明の都合上の呼び方であり、本来の正式な名前は「Destination」ということです）。

では、引数名というものは、何の役に立つのでしょうか？

以下の例で、引数名を使う場合と使わない場合を比較してみましょう。

引数名を 使う場合	**人物.調理する**	**素材:＝野菜を**
	オブジェクト.メソッド	引数名　　値
引数名を 使わない場合	**人物.調理する**	**野菜を**
	オブジェクト.メソッド	値

（引数名を使う場合）　　人物.調理する　素材:＝野菜を
（引数名を使わない場合）　人物.調理する　野菜を

1行目と2行目は、コードとしては同じ意味になります。

引数名を用いて記述する場合は、「素材:＝野菜を」のように、「引数名:＝値」という形式で記述します。このように、「引数名:＝」を記述した方が、引数の意味や目的がより明確になり、読み手にとって分かりやすくなるというメリットがあります。

```
オブジェクト.メソッド　引数名:＝値
```

6. Copy メソッドで、「引数名：＝値」を書く場合

では、4.で紹介したCopyメソッドで、引数名を利用する場合のコードを紹介します。

```
Rangeオブジェクト.Copy Destination:=貼り付ける場所
              引数名    :=    値
```

- 例えば、「Destination:=Range("A1")」のように引数を記述します。

［例］セル範囲A1:D13をコピーして、F1に貼り付ける

	A	B	C	D	E	F	G	H	I
1	商品コード	商品名	商品分類	単価					
2	a00001	Wordで役立つビジネス文書術	Word教材	3,980					
3	a00002	Excelデータ分析Excel術	Excel教材	4,500					
				3,980		❷ 貼り付ける			
10	a00009	Excelこれから入門	Excel教材						
11	a00010	Wi-Fiでつながるインターネット超入門	パソコン教材	1,980					
12	a00011	Excelピボットテーブル完全攻略	Excel教材	3,600		❶ コピーする			
13	a00012	Wordじっくり入門	Word教材	2,480					
14									

例

```
Sub example4_3_6a()
    Range("A1:D13").Copy Destination:=Range("F1")
End Sub
```

- 「Destination:=Range("F1")」と記述することで、貼り付ける場所はセルF1となります。

上記のコードは、引数名を使わなかった場合、以下のコードと同様の結果になります。

```
Sub example4_3_6b()
    Range("A1:D13").Copy Range("F1")
End Sub
```

「引数名 :=」を常に書いた方がいいですか?

『「引数名 :=」を常に書いた方がいいですか?』という質問をよくいただきます。
メリットとデメリットがあるので、場面によって使い分けることがおすすめです。

1つ目のメリットは、引数名を書くと、引数の意味や目的が読み手に伝わりやすく
なるということです。例えばCopyメソッドの引数は「Destination」(目的地) と
いう引数名なので、「Destination:=」と書けば、単語から意味を類推しやす
くなります。
2つ目の理由として、引数がたくさんある場合、途中を省略して、特定の引数だけ
を記述できるというメリットです。

例えば、上記の図のケースでは、「素材,調理法,時間…」といった複数の引数
を指定できます。このとき『途中を省略して、「時間」だけを指定したい』という
場合もあります。そういった場合、引数名を用いて「時間:=5分」と記述すれば、
他の引数は省略して、「時間」だけ指定することができます。このような記述は「引
数名:=値」を用いたときだけ可能です。
ただし、デメリットもあります。
常に「引数名:=」を書いていると、場合によっては1行のコードが長くなりすぎ
てしまい、逆に読みにくいコードになることもあります。

一般的によくある方針は以下です。

- 途中の引数を省略して、特定の引数だけを指定する場合には「引数名:=」を書く
- そうでなければ「引数名:=」を書かない

本書でも、上記のような方針でコードを記載しています。

一行が長くなってしまう場合は「 _」と書いて改行

コードを書いていると、一行のコードが非常に長くなってしまうことがあります。そこで、コードを途中で改行する方法を紹介します。

コードを途中改行するには、「 _」（半角スペース＋アンダースコア）を記述してEnterキーで改行します。

> **書式**
>
> 1行目のコード _改行
> 1行目のコードの続き

以下の具体例を見てみましょう。

```
' 改行する前
Range("A1:D5").Copy Destination:=Range("E1")

' 改行後
Range("A1:D5").Copy _改行
Destination:=Range("E1")
```

上記のように、改行位置でコードを改行することができます。

ただし、改行はどの位置でもできるわけではありません。コードの改行のルールを知っておきましょう。

1. キーワードの間の半角スペースの後ろだけ改行できる

コードを途中で改行できるのは、キーワ
ードとキーワードの間の半角スペースの
後ろや、「( )」や「.」の前後に限り
ます。

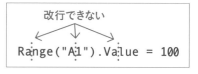

図のように、キーワードや文字列の途中で改行することはできません。

2. 改行が多すぎるとコードが読みにくくなる

改行が多すぎると、かえってコードが読みにくくなります。改行するのは、どうして
も1行のコードが長くなってしまう場合や、必要と判断した場合だけにしましょう。

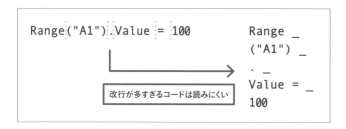

確認問題

XLSM 教材ファイル「4章レッスン3確認問題.xlsm」を使用します。

	A	B	C	D	E
1	商品コード	商品名	商品分類	在庫数	
2	a00001	Wordで役立つビジネス文書術	Word教材	75	
3	a00002	Excelデータ分析初級編	Excel教材	56	
4	a00003	パソコンをウィルスから守る術	パソコン教材	90	
5	a00004	超速タイピング術	パソコン教材	80	
6	a00005	PowerPointプレゼン術	PowerPoint教材	75	
7	a00006	PowerPointアニメーションマスター	PowerPoint教材	38	
8	a00007	はじめからWindows入門	パソコン教材	100	
9	a00008	初心者脱出のExcel術	Excel教材	88	
10					

1. セル範囲 A9:D9 をクリアしてください。
2. セル C8 の値のみをクリアしてください。
3. セル C4 をコピーして、セル C8 に貼り付けてください。
4. セル範囲 A1:D8 をコピーして、セル F1 に貼り付けてください。
5. セル範囲 A1:D8 をコピーして、セル A12 に貼り付けてください。

 動画レッスン 4-3t

https://excel23.com/
vba-juku/chap4-
lesson3test/

※模範解答は、367ページに掲載しています。

 コラム

挫折しそうなときに……

独学でVBAを始めると、途中で挫折しそうになる瞬間がやってきます。

多くの場合、その原因は「孤独な環境」です。筆者もこれまで多くのVBA初心者の方と接してきましたが、「周りに誰も勉強仲間がいないけど、自分一人でVBAを勉強している」という立場の方が圧倒的に多いです。逆に、「仲間や同僚と一緒にVBAを勉強している」という方は極めて稀ですし、そんな方はかなり環境に恵まれています。

一人で学習していると、悩みを共有する相手もいませんし、自分が目指すゴール像（VBAを使いこなしてバリバリ仕事で活躍している未来の姿）をイメージすることが難しくなり、モチベーションが下がってきます。

そうした悩みを解決するための方法としておすすめなのが、「人と関わること」です。

- VBAを学習している人
- VBAを活用して仕事で活躍している人

そういった人との関わりを持つことで、学習モチベーションを高めるきっかけになるでしょう。

しかし、そういった人と関わりを持つには、VBAのセミナーに参加したり、コミュニティやイベントに参加したりといった活動が必要になります。時間的・場所的な制約があってそれができない方や、勇気がなくて参加できないという方も多いと思います。

そこで筆者がおすすめするのがTwitterです。Twitterでは、「VBA」というキーワードで検索すれば、上記のような方々が、日々多くのツイートを更新されています。こちらから相手を「フォロー」するだけでも、毎日多くのツイートが流れてきますので、意図的に「VBA漬け」の環境を作りだすことができます。

VBAについてツイートしている方々は、

- 現状の仕事を改善しようとしている人
- 新しいことを学習するために努力している人

といった前向きな方が多くいます。そのような人の発信を日々受け取るだけでも、学習モチベーションが大きく向上するきっかけになるでしょう。

また、情報を受け取るだけでなく、自分が学習したことをアウトプットする場として利用するのも有効です。学習は、アウトプットしながら行う方が効果的だというのは有名な話です。自分の学習記録としてツイートを残しておくのに利用してもいいでしょう。

> よろしければ、筆者のTwitterアカウント（@excel_niisan）（「エクセル兄さん」で検索）もフォローしてください。

演算と変数

マクロに計算をさせよう

 ここからは、マクロに計算をさせる方法について学んでいこう。

 マクロは計算もできるんスね！

 マクロで計算することを「演算」という。
また、演算させるには、「演算子」という記号を使ってコードを書くんだ。

 なるほど、演算するためのコードの書き方を覚えるッスね！

 そう。さらに、後半は「変数」についても学習しよう。

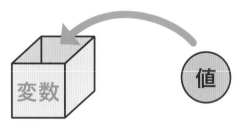

「変数」とは、データを一時的に記憶させる箱のようなものなんだ。

 データを一時的に記憶する箱ッスか。

変数があれば、同じデータを何回も使い回せるし、次々にデータを変数に記憶させていき、バケツリレーのように連続処理をさせることもできる。変数は、実用マクロを作っていく上では欠かせないものなんだ！

そんなに便利なモノなんッスね！
「変数」、使いこなしたいッス！

ぜひ、いっしょに学んでいこう！

★☆☆

レッスン1
演算

 教材ファイル「5章レッスン1.xlsm」を使用します。　▶ 動画レッスン5-1

https://excel23.com/
vba-juku/chap5-
lesson1/

1.「演算」でできること

「演算」とは、計算を行うことです。演算を利用すると、例えば以下のようなことができます。

- [単価]×[数量]を計算し、[金額]を求める
- [金額]+[送料]を計算し、[合計金額]を求める
- [合計金額]×[消費税率]を計算し、[消費税額]を求める

また、演算の結果をセルに代入することもできます。
演算を活用すれば、計算が必要な作業を自動化することができます。

2. 演算に使う「算術演算子」

演算のために、計算式を記述します。その際に使う**記号**が「**算術演算子**」です。

例えば、算数や数学では掛け算のために「×」という記号を用いますが、VBAでは「×」の代わりに、「*」という演算子を用います。

右は、VBAで使用できる算術演算子の一覧です（現時点ですべて覚える必要はありません。徐々に使いながら覚えていきましょう）。

表5-1-1

演算子	意味
+	足し算
-	引き算
*	かけ算
/	割り算
¥	割り算の商
Mod	割り算の余り
^	べき乗

3. 算術演算子を使って計算してみよう

以下のコード例では、いろいろな計算を行い、計算結果をメッセージボックスで出力します。

コード例

```
Sub example5_1_3()

    '100 + 200の結果をメッセージ出力する
    MsgBox 100 + 200

    '100 × 5の結果をメッセージ出力する
    MsgBox 100 * 5

    '9999 ÷ 3の結果をメッセージ出力する
    MsgBox 9999 / 3

    '333 ÷ 2の余りをメッセージ出力する
    MsgBox 333 Mod 2

End Sub
```

- 上記の結果、メッセージボックスが4回出力され、それぞれの演算の結果が表示されます。
- 演算結果はそれぞれ、「300」「500」「3333」「1」となります。
- 「333 Mod 2」という式については、333÷2をした結果、答えは「166余り1」となるため、余りの「1」を返します。

4. 演算の結果をセルに代入する

以下のコード例のように、**計算した結果をセルに代入**することもできます。

例1

```
'セルA1に、100 + 200の結果を代入する
Sub example5_1_4a()
    Range("A1").Value = 100 + 200
         セルの値        ←  演算結果

End Sub
```

- 左辺の「Range("A1").Value」で、セルA1の値を意味します。
- 右辺の「100 + 200」の計算結果「300」が、左辺に代入されます。
- 結果として、セルA1に「300」が代入されます。

同様に、かけ算の結果をセルに代入するコードを紹介します。

例2

```
'セルA2に、100 × 5の結果を代入する
Sub example5_1_4b()
    Range("A2").Value = 100 * 5
         セルの値        ←  演算結果

End Sub
```

- 左辺でセルA2を指定し、右辺では100 ＊ 5の演算を行っています。
- 右辺の演算結果「500」が、左辺に代入されます。
- 結果として、セルA2に「500」が代入されます。

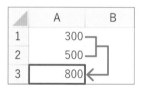

5. セルとセルどうしで演算をする

以下のコード例のように、セルの値とセルの値どうしで計算することもできます。

```
例

' セルA1の値＋セルA2の値を計算し、その結果をセルA3に代入する
Sub example5_1_5()
    Range("A3").Value = Range("A1").Value + Range("A2").Value
         セルA3の値       ←      セルA1の値       +      セルA2の値
End Sub
```

- 左辺はセルA3の値を指定しています。
- 右辺はセルA1の値「300」+ セルA2の値「500」の演算を行います。
- 結果として、セルA3に右辺の演算結果「800」が代入されます。

確認問題

📄 教材ファイル「5章レッスン1確認問題.xlsm」を使用します。

	A	B	C	D	E
1					
2		1800+260 の演算結果を代入			
3					
4					
5		3980÷2 の演算結果を代入			
6					
7					
8		セルB9の値 × セルC9の値 の結果をセルD9に代入			
9		19,800	50		
10					
11		セルB13の値 ÷ セルC13の値 の商だけを求め、セルD13に代入			
12		予算	1個あたり価格	購入できる個数	
13		100,000	900		
14					
15					
16		セルC18の値 ÷ セルB18の値 の結果をセルD18に代入			
17		予算	実績	達成率	
18		1,000,000	950,000		
19					

▶ 動画レッスン5-1t

https://excel23.com/
vba-juku/chap5-
lesson1test/

1. 1800+260 の演算結果をセル B3 に代入してください。

2. 3980÷2 の演算結果をセル B6 に代入してください。

3. セル B9 の値 × セル C9 の値 の結果をセル D9 に代入してください。

4. セル B13 の値 ÷ セル C13 の値 の商だけを求め、セル D13 に代入してください。

5. セル C18 の値 ÷ セル B18 の値 の結果をセル D18 に代入してください。

※模範解答は、368ページに掲載しています。

こまめにコメントを記述しよう／まとめてコメント化する機能

コードには、こまめに「コメント」を記述しましょう。コメントを適切に書くと、自分でコードを読み返す際に内容を把握しやすくなりミスが少なくなります。また、他人がコードを読む際にも理解しやすいコードになります。

コメントの書き方について復習します。

コードの先頭に「 ' 」(シングルクォーテーション) を記述すると、その行はコメントとして認識されます。コメントとして認識された行は、VBAの実行コードとしてはみなされません。

また、行の途中で「 ' 」を記述すると、行内の「 ' 」以降のコードはコメントとして認識されます。

[例1]コードの上にコメントを記述する例 (緑の字はコメント)

```
' セルを選択
Range("A1").Select
```

● 一般的に、コードの1つ上の行にコメントを記述して、そのコードの説明などを書き込みます。

[例2]コードの後ろにコメントを記述する例 (緑の字はコメント)

```
Range("A1").Select      ' セルを選択
Range("A2").Clear       ' セルをクリア
```

● 行の途中に「 ' 」を記述すると、「 ' 」から行の終わりまでのコードはコメントとして認識されます。

複数行をまとめてコメント化／コメント解除する

複数の行をまとめてコメント化したりコメント解除することができる機能を紹介します。

VBEの「編集」ツールバーにある「コメントブロック」「非コメントブロック」ボタンを利用します。

1 コメント化したい行をドラッグして選択

2 「編集」ツールバーの「コメントブロック」ボタン（**❶**）を押す

3 「'」が自動で付加されて、コメント行になる

4 また、「非コメントブロック」ボタン（**❷**）を押すと、「'」が自動で削除されてコメント化
が解除される

「編集」ツールバーが非表示になっている場合は、[表示]メニュー>ツールバー
>編集をクリックして表示することができます。

コラム

「こんな計算、VBAは不要では？」という疑問への答え

レッスン1では、「セルA1+セルA2」といった簡単な計算を行いました。

初心者の方から稀にいただく質問で、「こうした単純な計算であれば、VBAで書
かなくても、セルに数式を書き込めば簡単に済むんじゃないでしょうか？ なぜわ
ざわざVBAで書くんですか？」という質問があります。

もちろん今回のような単純な計算であれば、セルに数式を書き込むことでも可能
です。

レッスンではなぜVBAで書いたのか、理由をいくつか説明します。

1. 簡単なコードを例題として挙げたかったため

VBAの基礎の学習が目的なので、とても簡単でシンプルなコードを例題として挙げる必要があったという理由があります。もっと複雑な計算が必要なレベルになってくると、VBAで計算することの便利さも実感できるようになります。

2. セルの数式は、あらかじめシートに書いておかなければ計算されない

セルの数式を利用する場合は、「あらかじめシート上に数式を書いておく」という前準備が必要になります。ですが、VBAの場合は、その前準備が必要ありません。VBAなら、「データを別の場所にコピーして、すぐに計算する」など、あらかじめ数式を書いておくことが不可能な状況でも、計算を行うことができます。

3. 計算に限らず「すべての工程」を自動化できるのがマクロの利点だから

業務を「全自動洗濯機」に例えると、全自動洗濯機ならば「洗い→すすぎ→脱水→（乾燥）」といった全工程を自動化することができます。
「すすぎ」という1つの工程について、「すす

ぎは手動でできるんだから、全自動洗濯機を使わなくてもいいのでは？」という疑問も浮かびませんね。

マクロに話を戻しますと、マクロの利点は、例えば「コピー→計算→転記→データ整形→出力」といった全工程を自動化することができるところです。「計算」はその流れのうちの一工程に過ぎません。そう考えると、「計算はVBAなしでもできるのだから、VBAを使わなくてもいい」ということにはなりませんね。

今後マクロでできること全体を見通せるまで学習していくと、VBAで計算を行うことの意味がだんだんと分かってくるはずです。

レッスン **2**
変数 値を一時記憶させて再利用する

XLSM 教材ファイル「5章レッスン2.xlsm」を使用します。　▶ 動画レッスン5-2

https://excel23.com/
vba-juku/chap5-
lesson2/

1. 変数でできること

「変数」とは、値を一時記憶できる箱のようなものです。

変数に値を一時記憶しておけば、その値を何度も使い回して利用することができます。

①変数という箱

例えば、右のような変数があるとします。

変数には名前をつけることができます（「変数名」といいます）。

ここでは、「**金額**」**という変数名**をつけました。

変数「金額」

②変数に値を入れる

また、変数には、数値や文字列などの値を入れることができます。

変数「金額」に7960という値を入れました。

その結果、変数「金額」には7960という値が入った状態になります。このように、変数に

変数「金額」
値「7960」

値を入れることを「**変数に値を代入する**」「**変数に値を格納する**」といいます。

③変数の値を利用する

変数に入っている値を利用して、様々な処理を行うことができます。

- **変数「金額」の値**をセルに代入する
- **変数「金額」の値**に税率をかけて税額を計算する
- **変数「金額」の値**が5000以上なら送料を計上する
　　　　　…

①～③のように、変数があれば、変数に値を代入したり、変数の値を利用することによって、様々な処理を効率的に行うことができます。

2. 変数を利用するための３つの手順

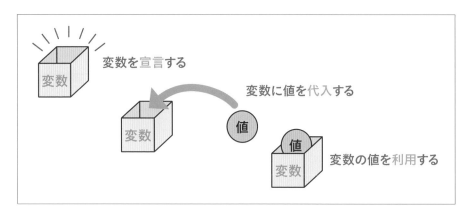

それではVBAで変数を利用する方法について解説していきます。
変数を利用するためには、３つの手順が必要です。

手順① 変数を宣言する
手順② 変数に値を代入する
手順③ 変数の値を利用する

上記の手順について、1つずつ説明します。

3. 手順① まずは変数を「宣言」する

変数は、いきなり存在するものではありません。まずは、変数を作る必要があります。
変数を作ることを「**宣言する**」といいます。
VBAで変数を宣言するためのコードは以下の書式で記述できます。

```
Dim 変数名 As 型
```

- 「Dim」と「As」は、文法上決まっている定型のキーワードです。
- 「変数名」には、変数につけたい名前を記述します（詳しくは後述します）。
- 「型」は、変数に代入するデータの種類を指定します（詳しくは後述します）。

例

```
'変数を宣言する(変数名:「金額」、型:「Long(整数型)」)
Dim 金額 As Long
    変数名    型
```

「Long」とは、整数を意味します。「As Long」と書くことで、整数を代入するための変数であると指定しています（型について詳しくは『補足 変数には「型」がある』にて後述します）。

補足

変数名のルール

変数につけることができる名前には、以下のようなルールがあります。下記に当てはまらないなら、日本語でも英語でも自由に名前を付けることができます。

- 英数字、漢字、ひらがな、カタカナを使えます。
- 文字数は半角で255文字までが限度です。
- 記号は「_」（アンダースコア）のみ使えます。
- 先頭の1文字は、数字や「_」は使えません。
- 「Sub」や「Dim」などの予約語（VBAの文法的にあらかじめ決まっている言葉）を、単独で変数名にすることはできません。

変数には「型」がある

先ほど「変数とは値を一時記憶する箱のようなもの」と例えました。

しかし、日常生活においては「箱」といっても様々な「型」があります。

「何を入れるための箱なのか？」利用目的によって、箱の形状や性質も様々です。

それと同様で、変数にも、「どんなデータを格納するのか？」利用目的によって「型」というものが存在します。

変数の「型」は、大きく分けると、[数値、文字列、その他のデータ]という3つに分かれます。また、コードで型を指定するための、「型指定文字列」というもの（変数の種類名のようなものです）があります。

VBAの変数の型は10以上ありますが、その中からよく使う代表的なものを抜粋して紹介します。

型指定文字列	説明	格納できるデータ
Long（長整数型）	整数を格納	-2,147,483,648 〜 2,147,483,647の整数 (±約20億まで)
Double（倍精度浮動小数点型）	小数を格納	負：約 $-1.8×10^{308}$ 〜 $-4.9×10^{-324}$ 正：約 $4.9×10^{-324}$ 〜 $1.8×10^{308}$
Date（日付型）	日付を格納	西暦100年1月1日〜西暦9999年12月31日までの日付と時刻(h:m:s)
String（文字列型）	文字列を格納	約20億文字までの文字列
Variant（バリアント型）	すべてのデータを格納（宣言時には型が未定で、値を代入するときに自動的に型が決まる）	すべてのデータ

現時点で、上記をすべて暗記する必要はありません。

また、ちょっと説明が難しくなっていますので、初心者の方向けに、もっとシンプルにまとめてみます。以下は、実務上よく使う変数の型と格納できるデータの一覧です。まずは以下の5つを把握しておくとよいでしょう。

型指定文字列	格納できるデータ
Long	整数
Double	小数
Date	日付データ
String	文字列
Variant	すべてのデータ（型は未定）

中でも初級レベルからよく利用するのが、

- Long（整数）
- String（文字列）

の2種類です。まずはこれらを覚えておきましょう。

4. 手順② 変数に値を「代入」する

変数に値を入れることを「代入する」といいます（「格納する」ともよく表現されます）。
変数に値を代入するコードは以下のように書きます。

書式

```
変数名 = 値
```

- 「=」は、等しいという意味ではなく、左辺←右辺の方向へ代入するという意味です。
- 「値」は、数値や文字列や日付などを記述します。変数の型によって、代入できる値は異なります。

> 例
>
> '変数「金額」に、「7960」という数値を代入する
>
> 金額 ＝ 7960
>
> 変数名　　値

5. 手順③ 変数の値を「利用する」

 変数の値を利用する

変数に入っている値を利用して、計算やさまざまな処理を行うことができます。
変数の値を利用するためには、コード内に変数名を書きます。

> 例
>
> 'セルA1に、変数「金額」の値を代入する
>
> '（現在、変数には7960という数値が入っているとする）
>
> Range("A1").Value ＝ 金額
>
> 　セルA1の値　　　　　変数の値

- 上記の結果、セルA1に、変数「金額」に入っている「7960」という数値が代入されます。

> 例
>
> 'メッセージボックスで変数「金額」の値を出力する
>
> MsgBox 金額
>
> 　　　　変数の値

- 上記の結果、変数「金額」に入っている「7960」という数値が、メッセージボックスで出力されます。

6. 3つの手順をまとめたコード

ここまで説明した「3つの手順」をまとめて1つのプロシージャに記述すると、以下のようになります。

例

```
Sub example5_2_6()
    Dim 金額 As Long          '①変数を宣言する
    金額 = 7960              '②変数に値を代入する
    Range("A1").Value = 金額   '③変数の値を利用する
End Sub
```

- 上記の結果、セルA1に「7960」という値が代入されます。

補足

推奨!「変数の宣言を強制する」オプション

3.で説明した「変数の宣言」という手順ですが、実は、この手順を省略することも可能です。

ですが、変数の宣言を省略すると思わぬトラブルにつながることがあります。

例えば、以下のコード例をご覧ください。

```
Sub サンプルコード()
    Dim 金額 As Long
    金額 = 7960
    MsgBox 全額
End Sub
```

- 上記のコードでは、変数「金額」を宣言し、7980という値を代入しています。
- しかし、最後にタイプミスして「MsgBox 全額」と入力しています。

- すると、マクロは「全額」という新しい変数を、宣言なしで利用しようとしているのだと認識してしてしまいます。変数「全額」は新しい変数なので、まだ値が何もありません。その結果、空白のメッセージボックスが出力されてしまいます。

以上のような変数のタイプミスや間違いを予防するために、変数の宣言を省略できないようにするオプションを設定することを強くおすすめします。以下の操作手順で設定できます。

1 VBEで「ツール」メニューの「オプション」を選択

2 [編集]タブの「変数の宣言を強制する」にチェックを入れて「OK」をクリック

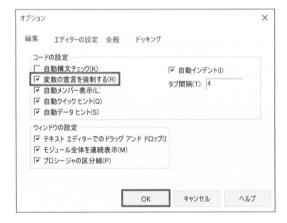

3 この設定は、新しいモジュールを追加した際に有効になります。
プロジェクトエクスプローラーの空白を右クリック（❶）して、「挿入」から「標準モジュール」（❷）を選択。
新しいモジュールを追加すると、先頭に「Option Explicit」というコードが自動挿入され（❸）、オプションが有効になります（手動でモジュールの先頭付近に「Option Explicit」というコードを書き込むことで、オプションを有効にすることも可能です）。

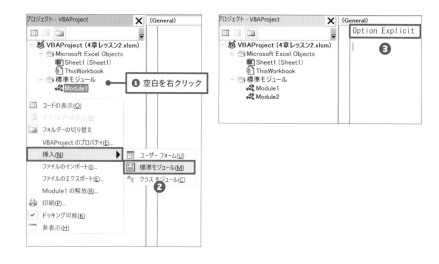

❶ 空白を右クリック

❷

❸

以上で、「変数の宣言を強制する」オプションが有効になりました。このオプションによって、宣言していない変数は利用できなくなります。したがって、先ほどの例のように、「金額」という変数名を「全額」と書き間違えてしまった場合には、マクロを実行する前に、間違っている箇所を目立たせてエラーメッセージを出力してくれます。

7. 変数を使った具体的なコード例

続いて、変数を使った具体的なコード例を紹介します。

例1

```
'・変数「金額」を宣言する。(型はLong(整数)とする)
'・次に、変数「金額」に3000を代入する。
'・最後に、変数「金額」の値をセルA1に代入する。
Sub example5_2_7a()
    Dim 金額 As Long
    金額 = 3000
    Range("A1").Value = 金額
End Sub
```

● 上記の結果、セルA1には「3000」が代入され
ます。

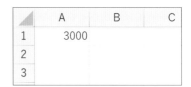

例2

```
'変数「挨拶」を宣言する。(型はString(文字列)とする)
'次に、変数「挨拶」に"こんにちは"という文字列を代入する。
'最後に、変数「挨拶」の値をメッセージボックスで出力する。
Sub example5_2_7b()
    Dim 挨拶 As String
    挨拶 = "こんにちは"
    MsgBox 挨拶
End Sub
```

● 上記の結果、メッセージボックスで「こんにちは」という文字列が出力されます。

確認問題

XLSM 教材ファイル「5章レッスン2確認問題.xlsm」を使用します。

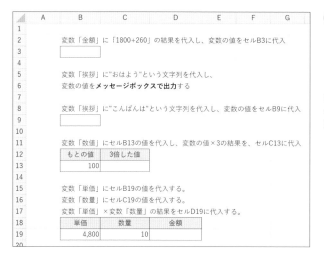

動画レッスン 5-2t

https://excel23.com/
vba-juku/chap5-
lesson2test/

1. 変数「金額」に「1800+260」の結果を代入し、変数の値をセルB3に代入してください。

2. 変数「挨拶」に " おはよう " という文字列を代入し、変数の値をメッセージボックスで出力してください。

3. 変数「挨拶」に " こんばんは " という文字列を代入し、変数の値をセルB9に代入してください。

4. 変数「数値」にセルB13の値を代入し、変数の値×3の結果を、セルC13に代入してください。

5. 次の処理を行うコードを記述してください。

   ● 変数「単価」にセルB19の値を代入する
   ● 変数「数量」にセルC19の値を代入する
   ● 変数「単価」×変数「数量」の結果をセルD19に代入する

※模範解答は、368ページに掲載しています。

第5章 演算と変数 マクロに計算をさせよう

変数の「型」はなぜあるの？ 必要ある？

レッスン 2 で、「変数には型がある」と説明しました。

しかし、「いちいち型を選ぶなんて面倒だ」「すべて Variant 型にしてしまえば、すべてのデータを格納できて便利なのでは？」という意見もあるかもしれません。それも一理あります。それに、最近では「変数の型は選ばなくても、すべて Variant 型にしてしまってもいい」と伝えている書籍や講師さんも存在されるのも確かです。

しかし、筆者は型をしっかり選ぶことを重要視しています。初心者の段階では、「変数に何のデータを入れるのか？」を意識しながらコードを書いた方が、ミスやエラーが少なくなるからです。

また、他人が書いたコードや、他の書籍や Web 媒体に書いてあるコードは、型を指定していることが多いです。そういったコードも読み取れるようになるためにも、「型」に慣れておいて損はないと言えるでしょう。

よくある「英語の変数名」を知っておこう

「よくある英語の変数名を教えてもらえませんか？」というリクエストをよくいただきます。

日本語の変数名なら、なんとなく名前から意味を推測できるのですが、「英語の変数名は見慣れていないので苦手……」という初心者の方も少なくないかもしれません。

実用マクロや、書籍やネットで見かける VBA のコードには、英語の変数名が頻繁に登場します。

よくある英語の変数名を知っておけば、その意味や目的を推測することができます。

以下に、よくある英語の変数名と、その由来や意味を挙げます。

変数名	由来と意味
num	英単語のnumberから由来し、数値を代入する変数名によく使われる
str	文字列を代入する「String型」から由来し、文字列を代入する変数名によく使われる
cnt	英単語のcountから由来し、回数や個数を代入する変数名によく使われる
amount	英単語のamountから由来し、金額を代入する変数名によく使われる
buf	英単語のbufferから由来し、データを一時保持するための変数名によく使われる
tmp	英単語のtempから由来し、上記「buf」と同様の目的の変数名によく使われる
i	英単語のindexから由来し、繰り返し（ループ）の回数をカウントするための変数名によく使われる
j	上記の「i」につづき、いわゆる二重ループの回数をカウントするための変数名によく使われる
maxRow	英単語を2つ繋げた名前で、シートの最終行を代入する変数名によく使われる
LastRowまたはLstRow	上記と同様の目的で使われる
ws	英単語のworksheetから由来し、Excelのワークシートオブジェクトを代入する変数名によく使われる
sh	英単語のsheetから由来し、上記「ws」と同様によく使われる
wb	英単語のworkbookから由来し、Excelのワークブックオブジェクトを代入する変数名によく使われる
flgまたはflag	英単語のflagから由来し、ある条件に該当するなら旗（flag）を上げるという意味で、判定結果を記憶する変数名によく用いられる
Path	ファイルの所在地である「パス（Path）」を代入する変数名によく使われる

VBAの変数名には、日本語も使用できます。国内では日本語で変数名をつける
ケースも少なくありませんし、日本語の方が意味を理解しやすいというメリットも
あります。

一方、上記に挙げた「i」「num」「str」「buf」「flg」などの英語変数名は、VBA
に限らず様々なプログラミング言語に共通してよく使われています。

本書では、日本語の方が理解しやすいケースについては日本語の変数名を採用
し、その他のケースには英語の変数名も採用しています。

あと
126周

第6章

繰り返し

反復作業は、
マクロにやらせよう

 ここからは「繰り返し」について学んでいこう！
「繰り返し」を利用すると、反復処理を瞬時に自動で行わせることができるんだ！

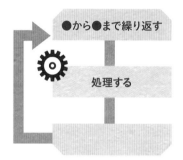

●から●まで繰り返す

処理する

この「繰り返し」を利用できるのが、マクロを利用する最大のメリットの1つだと言えるよ！

 なるほど、「繰り返し」ってそんなに便利なんスね！

 そして、VBAで繰り返しを記述するための構文が、「For～Next構文」。
カンタンに言えば、「開始値から終了値まで繰り返す」という構文なんだ！

 へぇ。例えるなら、「50歳から100歳まで、毎年フルマラソンに出場する！」って感じッスかね？

 ずいぶん過酷な例えだけど……、そんなイメージだね。
とにかく、「繰り返し」を使いこなせるようになれば、反復処理を行うような様々な実用マクロを作れるようになるよ。一緒に学んでいこう！

レッスン**1**
「繰り返し」入門（For〜Next構文）

教材ファイル「6章レッスン1.xlsm」を使用します。

▶ 動画レッスン6-1

https://excel23.com/
vba-juku/chap6-
lesson1/

1.「繰り返し」で何ができるか？

「繰り返し」とは、同様の処理を何度もマクロに反復させることができる機能です。

「繰り返し」を利用すると、例えば以下のようなことができます。

- 表を1行ずつ反復処理して、すべての行を一括処理する。
- シートを1つずつ反復処理して、すべてのシートを一括処理する。
- ブックを1つずつ反復処理して、すべてのブックを一括処理する。

このように、「**1つずつ○○を反復処理して、すべての○○を一括処理する**」といったマクロを作る場合には、「繰り返し」が大活躍します。

2. 繰り返しのイメージを理解しよう

まずはVBAの「繰り返し」の構文を、図でイメージしてみましょう。

右の図のように、ある処理の上下を構文で挟み込むことで、その処理内容を繰り返すことができます。

> この図は「フローチャート」という、プログラムの流れを図形で示すものです。フローチャートについて厳密に学習する必要はありません。本書では、イメージを理解するための補助として利用しています。

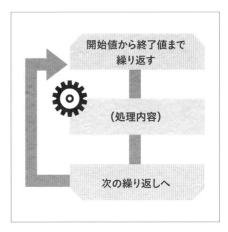

開始値から終了値まで
繰り返す

（処理内容）

次の繰り返しへ

第**6**章 ▼ 繰り返し 反復作業は、マクロにやらせよう

日常で考える「繰り返し」

さらに「繰り返し」を理解するために、日常生活を例に考えてみましょう。

[例] 指で回数を数えながら、「1、2、3、4、5」と数える

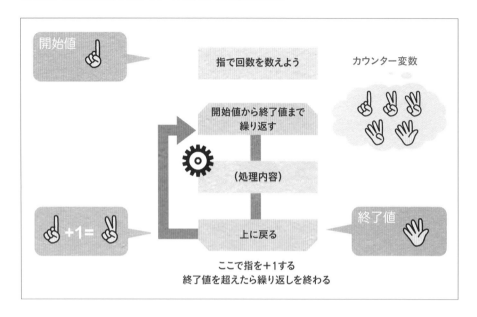

- 指を使って回数を数えていきます (カウンター変数)。
- 指は、最初に「1」を数えておきます (開始値)。
- 処理を行ったら、指の数を +1 します。
- 指の数が「5」を超えたら、繰り返しを終了します (終了値)。

赤字で表したのが、VBAで「繰り返し」を行う際の用語です。

用語を1つずつ紹介します。

- **カウンター変数** … 繰り返しの回数をカウントするための変数です。指の役割をします。
- **開始値** … カウンター変数の最初の値です。
- **終了値** … カウンター変数の終わりの値です。この値を超えたら繰り返しを終了します。

以上のような流れを、VBAの構文で記述していきます。

3. For〜Next構文

VBAで繰り返し処理を行うためによく使われる構文が「For〜Next構文」です。

```
Dim i As Long
For i = 開始値 To 終了値
    処理内容
Next i
```

上記の構文について、詳しく説明します。

①カウンター変数iを宣言する

まず、カウンター変数を宣言します。「カウンター変数」とは、繰り返しの回数をカウントするための変数です。変数の型は「Long（整数）」で宣言するのが一般的です。

カウンター変数の変数名には、「i」という名前がよく使われます。

> 「i」という変数名の由来は、「Index」という英単語の頭文字と言われています。
> 実際のところ、カウンター変数の名前は「i」でなくても、「a」でも「x」でも何でも構いません。しかし、昔からプログラミングの世界では慣習的に「i」が使われているため、慣習に従って「i」とするのが一般的です。

②For~Next構文

次に、繰り返しの構文です。処理内容の上下をコードで挟み込むように記述します。

```
For i = 開始値 To 終了値
    処理内容
Next i
```

カウンター変数の開始値（最初の値）と終了値（終わりの値）を決めておきます。

処理内容に記述したコードは上から1行ずつ実行されていきますが、それが終わって「Next i」にたどり着いたら、変数iの値が+1されてもう一度繰り返されます。

したがって、カウンター変数 i の値は、繰り返すたびに1ずつ増えていきます。そして i が終了値を超えたら、繰り返しが終了します。

例えば、以下のようにコードを記述したとします。

例

```
For i = 1 To 5
    処理内容
Next i
```

すると、i の値は右の表のように変化します。

表6-1-1

繰り返し回数	i の値
1回	1(開始値)
2回	2
3回	3
4回	4
5回	5(終了値)
繰り返しは終了する	6

③処理内容はインデント(字下げ)して記述する

処理内容は、For~Next 構文の間に記述します。

ここでは、Tab キーでインデント(字下げ)して記述するのが一般的な作法です。その理由は、構文の中にあるコードだということが見た目に分かりやすくなるからです。

例

```
For i = 開始値 To 終了値
    インデントして記述
    インデントして記述
    インデントして記述
Next i
```

4. For ～ Next 構文を使った具体的なコード例

それでは、For ～ Next 構文を使った具体的なコード例をいくつか紹介します。

[例1] メッセージボックスで5回「こんにちは」と出力する

```
Sub example6_1_4a()
    Dim i As Long
    For i = 1 To 5
        MsgBox "こんにちは"
    Next i
End Sub
```

- 変数 i の値が開始値の「1」から終了値の「5」へと1ずつ変化しながら繰り返し実行されます。

- 結果として、MsgBox "こんにちは" と出力する処理が5回繰り返し実行されます。

[例2] メッセージボックスで「1」、「2」、「3」、「4」、「5」と出力する

```
Sub example6_1_4b()
    Dim i As Long
    For i = 1 To 5
        MsgBox i
    Next i
End Sub
```

- 変数 i の値は開始値の「1」から終了値の「5」へと1ずつ変化しながら、その値がメッセージボックスで出力されます。

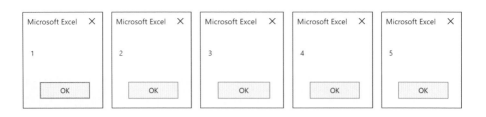

[例3] メッセージボックスで「5」、「6」、「7」、「8」、「9」と出力する

```
Sub example6_1_4c()
    Dim i As Long
    For i = 5 To 9
        MsgBox i
    Next i
End Sub
```

● 変数 i の値が開始値の「5」から終了値の「9」へと1ずつ変化しながら、その値がメッセージボックスで出力されます。

[例4] セル B3 から B7 のすべてのセルに "Yes" という文字列を代入する

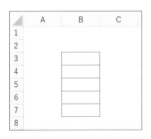

```
Sub example6_1_4d()
    Dim i As Long
    For i = 3 To 7
        Cells(i,"B").Value = "Yes"
    Next i
End Sub
```

- 変数 i の値は開始値の「3」から終了値の「7」へと1
ずつ変化していきます。
- Cells(i,"B") という記述により、「Cells(3,"B")、
Cells(4, "B")、Cells(5, "B")…」と順番にセ
ルが指定され、それぞれ文字列 "Yes" が代入されます。

[例5] 繰り返しを使って、[単価]×[数量]の計算結果をすべての[金額]のセルに代入する

A	B	C	D
9			
10	単価	数量	金額
11	18,000	2	
12	3,600	10	
13	5,400	5	
14	10,800	5	
15	18,000	6	
16			

```
Sub example6_1_4e()
    Dim i As Long
    For i = 11 To 15
        Cells(i,"D").Value = _改行
            Cells(i,"B").Value * Cells(i,"C").Value
    Next i
End Sub
```

- 紙面ではコードが1行に収まらないため、途中改行して右辺を下の行に記述しています。
本書では紙面の都合でコードの途中で改行している場合、_ を付けて 改行 のマークを
入れています（ご自分の環境で問題なければ、無理に改行する必要はありません）。
- 変数 i は、開始値の「11」から終了値「15」へ
と1ずつ変化していきます。
- その結果、シートの11行目から15行目まで順に計
算が行われ、結果が代入されていきます。

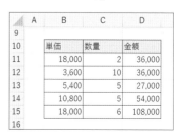

補足　構文は、「先頭」と「末尾」を先に書いておくのがコツ

For〜Next構文を記述する際、先頭の「For〜」は忘れないのですが、末尾の「Next i」を書き忘れてしまいがちです。

そこでおすすめなのは、先頭の「For〜」を記述したら、先に末尾の「Next i」も記述しておき、そのあとで中の処理内容を記述するということです。

```
For i = 1 To 10
    後で内容を記述する
Next i
```

VBAの構文には、「先頭」と「末尾」の句でコードで囲むパターンが多く登場します。どれも、末尾を書き忘れてエラーになることが非常に多いです。

したがって、どの構文でも「先頭」と「末尾」を先に記述する書き方をクセにすることをおすすめします。

補足　Next iの「i」は省略してもいい?

よくいただく質問として、

- 『「Next i」の「i」は省略してもいいですか?』
- 『「i」を省略する場合と省略しない場合の違いは何ですか?』

といった質問があります。1つずつ答えていきます。

まず、「Next i」の「i」は省略しても構いません。

[例]「i」を省略する場合

```
For i = 開始値 To 終了値
    処理内容
Next
```

● 上記は、構文の末尾を「Next i」でなく「Next」とだけ記述しています。これでも問題ありません。

次に、「iを省略する場合と省略しない場合の違い」についての回答ですが、「省略せずに書いた方が、より丁寧な書き方である」という答えになります。
例えば、繰り返しのFor文を2つ重ねる「二重ループ」というケースが分かりやすい例です（二重ループについては、今は完璧に理解できなくても構いません。次の「コラム」で詳しく解説しています）。

[例] 変数「i」と「j」を使って二重ループを行うコード

```
Dim i As Long      '1つ目のカウンター変数
Dim j As Long      '2つ目のカウンター変数

For i = 1 To 10
    For j = 1 To 5
        Cells(i,j).Value = 10
    Next j
Next i
```

この場合、For構文を2つ重ねているので、カウンター変数も2つ宣言する必要があります（「i」と「j」という変数名がよく使われます）。その際、「Next i」「Next j」と記述しておけば、「このNextはどちらのForステートメントの終わりのコードなのか？」が具体的にハッキリと読み手に伝わりますね。
このような場合には、「Next i」や「Next j」と、変数名も省略せずに書いた方がより丁寧な書き方であることがわかります。
ただし、どちらも変数名を省略して「Next」とだけ書いても構文上は全く問題はありません。
人によっては、「いちいち変数名を付ける方がむしろ煩わしい」と感じる方もいますし、最終的には、省略するかしないかは感覚的な好みの問題になってくるかもしれません。
本書では、教科書的な観点から、変数を省略しない記述方法で統一しています。

「二重ループ」を理解する日常生活の例え

「二重ループがよく理解できません」というご質問をよくいただきます。

二重ループとは、繰り返しの中に、もう1つの繰り返しがあるというプログラムの流れです。

> 初級レベルでは、二重ループを利用することは滅多にありません。負担に感じる
> 方はこのコラムは読み飛ばしてください。

この仕組みを誤解してしまい、間違った使い方をしている方のコードも見かけます。そこで、二重ループの仕組みを理解しやすいように、日常生活に例えて二重ループについて説明します。

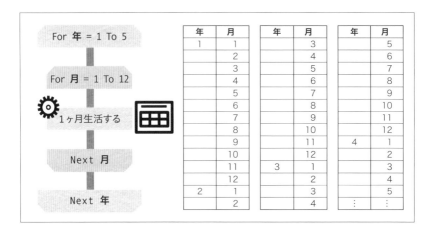

まず、カレンダーをイメージしてみましょう。カレンダーにおける「年月の流れ」は、二重ループになっています。

例えば、5年間の年月の流れを整理すると、こんな仕組みになっています。

- 「年」が1〜5まで繰り返す。
- その中で、「月」は1〜12まで繰り返す。

もう少し詳しく流れを見てみましょう。

- 「年」が1のとき、「月」は1、2、3、4、5…12と増加しながら繰り返す

- 「年」が2のとき、「月」は1、2、3、4、5…12と増加しながら繰り返す
- 「年」が3のとき、「月」は1、2、3、4、5…12と増加しながら繰り返す

（以下省略）

つまり、「年」という値が増加しながら1回繰り返す間に、「月」という値が増加しながら12回繰り返しているのです。

上記のように考えると、VBAにおいて変数「i」と変数「j」を使った二重ループも同様です。

```
Dim i As Long      ' カウンター変数1つ目
Dim j As Long      ' カウンター変数2つ目

For i = 1 To 10
    For j = 1 To 5
        Cells(i,j).Value = 10
    Next j
Next i
```

上記のコード例では、以下のような流れになります。

- 変数「i」が1のとき、変数「j」は1、2、3、4、5と増加しながら繰り返す
- 変数「i」が2のとき、変数「j」は1、2、3、4、5と増加しながら繰り返す
- 変数「i」が3のとき、変数「j」は1、2、3、4、5と増加しながら繰り返す

（以下省略）

このように、変数「i」の値が増加しながら1回繰り返す間に、変数「j」の値が増加しながら5回繰り返しているのです。

よくある勘違いは「二重ループは、iとjが同時に1ずつ増加する」と思ってしまっているケースですが、そうではありませんので注意してください。

もしもこの先、二重ループで迷ってしまった方は、「年月」の例を思い出してみてください。

確認問題

📄 教材ファイル「6章レッスン1確認問題.xlsm」を使用します。

▶ 動画レッスン 6-1t

https://excel23.com/
vba-juku/chap6-
lesson1test/

	A	B	C	D	E	F
1						
2		MsgBoxで5回「Hello」と出力				
3						
4						
5		MsgBoxで「3」、「4」、「5」、「6」、「7」と出力				
6						
7						
8		それぞれ「1000」という値を代入				
9						
10						
11						
12						
13						
14		[金額]×0.9の計算結果を[割引価格]に代入				
15		金額	割引価格			
16		15,200				
17		18,500				
18		27,000				
19						
20		[単価]×[数量]の計算結果を[金額]に代入				
21		単価	数量	金額		
22		15,200	5			
23		18,500	7			
24		27,000	3			
25		30,000	9			
26						

1. For〜Next構文を使って、MsgBoxで5回 "Hello" と出力してください。

2. For〜Next構文を使って、MsgBoxで「3」「4」「5」「6」「7」と出力してください。

3. For〜Next構文を使って、セルB9、B10、B11にそれぞれ「1000」という数値を代入してください。

4. For〜Next構文を使って、表の[金額]列のセルの値×0.9の計算結果を、[割引価格]のセルに代入してください。

5. For〜Next構文を使って、表の[単価]列のセルの値×[数量]列のセルの値 の計算結果を、[金額]列のセルに代入してください。

※模範解答は、369ページに掲載しています。

レッスン **2**
For ～ Next 構文の応用

📄 教材ファイル「6章レッスン2.xlsm」を使用します。

▶ 動画レッスン6-2

1. 変数をxずつ増やして繰り返す（For Next Step）

https://excel23.com/
vba-juku/chap6-
lesson2/

For ～ Next 構文では、通常、カウンター変数（i）は**1ずつ増加**
していきます。しかし、以下のように記述すると、カウンター変数の
増減値を変更することができます。

書式

```
For i = 最小値 To 最大値 Step 増減値
    処理内容
Next i
```

- 「増減値」は整数で指定できます（マイナスの数も指定可能です）。
- 例えば「Step 2」と記述すると、変数iは、**2ずつ増加**していきます。
- 具体的には、「For i = 1 To 10 Step 2」と記述した場合、変数iは「1、3、5、7、9」と増加します。

以下に実用的な例を紹介します。

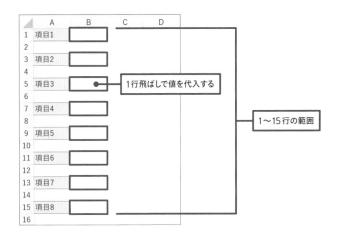

第**6**章 ▼ 繰り返し 反復作業は、マクロにやらせよう

```
'B列の1〜15行において、1行飛ばしで「100」を代入する
Sub example6_2_1()
    Dim i As Long
    For i = 1 To 15 Step 2
        Cells(i,"B").Value = 100
    Next i
End Sub
```

- 「Step 2」とすることで、変数iの値は2ずつ増加していきます。
- 変数iの値は、開始値の「1」から終了値の「15」まで2ずつ増加していきます。
- よって、変数iの値は、「1、3、5、7、9…13、15」と変化します。

2. カウンター変数を減らしながら繰り返す（Step -x）

1.で紹介したStepステートメントに**マイナスの値**を記述すると、カウンター変数を**減らしていく**ことができます。

```
For i = 最大値 To 最小値 Step -x
    処理内容
Next i
```

- 例えば「Step -2」と記述した場合は、カウンター変数iは、2ずつ減少していきます。
- 具体的には、「For i = 10 To 1 Step -2」と記述した場合、変数iは「10、8、6、4、2」と変化します。

> 「Step -2」のようにマイナスの値を記述する場合は、開始値と終了値も逆に記述する点に注意しましょう。
>
> （間違い）For i = 1 To 10 Step -2
> （正しい）For i = 10 To 1 Step -2
>
> 上記のように、「最大値 To 最小値」という順序で記述する必要があります。

以下に具体的な実用例を紹介します。

1.で使用したシートについて、1行飛ばしで行を削除したいケースについて考えます。

このような場合、「Step -x」の書式が役に立ちます。

	A	B	C	D	E	F
1	項目1	100				
2						
3	項目2	100				
4						
5	項目3	100				
6						
7	項目4	100				
8						
9	項目5	100				
10						
11	項目6	100				
12						
13	項目7	100				
14						
15	項目8	100				
16						

→ 1行飛ばしで行を削除する

例

```
'シートの14〜2行まで、1行飛ばしで削除する
Sub example6_2_2()
    Dim i As Long
    For i = 14 To 2 Step -2
        '行を削除する
        Rows(i).Delete
    Next
End Sub
```

- 「Rows(i).Delete」は、**行を削除する**コードです（詳しくはダウンロードPDF教材の**補講B：行や列の操作**にて解説します。ダウンロード元はiiiページ参照）。「Rows(i)」と記述することで、i行目を指定しています。
- 「Step -2」とすることで、変数 i の値は2ずつ**減少**していきます。
- 変数 i の値は、開始値の「14」から終了値の「2」まで2ずつ減少していきます。
- よって変数 i は「14、12、10、8…2」と変化していくので、シートの14行目、12行目、10行目、8行目…2行目が順番に削除されることになります。

補足

行の挿入や削除は、下から上に向かって繰り返すのが定石

2.の例では、「Step -x」と記述することで、**下から上に向かって行を処理する**方法を紹介しました。なぜそうする必要があったのでしょうか？ 実は、**行を挿入または削除する**といった処理の場合、シートの下から上に向かって繰り返す方が、都合がよいのです。

行を挿入または削除すると、**その行以降の行番号がすべて1つずつ前または後ろに移動してしまいます。** その影響で、もし通常通りに上から下に向かって繰り返すコードを書いてしまうと、カウンター変数（i）と行番号が合わなくなってしまい、同じ行を何度も処理してしまったり、行を飛ばして処理してしまったりして、うまくいきません。

一方、下から上に向かって繰り返すコードであれば、上記の問題を回避することができるのです。

したがって、行の挿入や削除を繰り返すコードにおいては、下から上に向かって繰り返すのが定石とされています。

確認問題

📄 教材ファイル「6章レッスン2確認問題.xlsm」を使用します。

	A	B	C	D	E
1	商品名	単価	数量	金額	
2	Wordで役立つビジネス文書術	3,980	75		
3					
4	Excelデータ分析初級編	4,500	56		
5					
6	パソコンをウィルスから守る術	3,980	90		
7					
8	超速タイピング術	4,500	80		
9					
10	PowerPointプレゼン術	4,200	75		
11					
12	PowerPointアニメーションマスター	2,480	38		
13					
14	はじめからWindows入門	1,980	100		
15					
16	初心者脱出のExcel術	2,480	88		
17					

1. For〜Next構文を利用して、シートの2行目から16行目まで、1行飛ばしで[単価]列のセルの値×[数量]列のセルの値を計算し、その結果を[金額]列のセルに代入してください。

2. For〜Next構文を利用して、シートの15行目から3行目まで、1行飛ばしで行を削除してください（ヒント：行を削除するには Rows(i).Delete と記述します）。

▶ 動画レッスン6-2t

https://excel23.com/
vba-juku/chap6-
lesson2test/

※模範解答は、369ページに掲載しています。

第**6**章 ∨ 繰り返し 反復作業は、マクロにやらせよう

レッスン **3**
その他の繰り返し構文

🗒 教材ファイル「6章レッスン3.xlsm」を使用します。　　▶ 動画レッスン6-3

https://excel23.com/vba-juku/chap6-lesson3/

1. その他の繰り返し構文

本章の**レッスン1**、**レッスン2**では「For～Next構文」を紹介しました。大半の実用マクロはFor～Next構文で記述できると言えるほど、For～Next構文は実用範囲の広い構文です。しかし、万能というわけではありません。

例えば、場合によっては、**繰り返しの開始値や終了値がマクロを実行するまで分からない**ケースもあります。このような場合はFor～Next構文が最適ではありません。

そこで、別の繰り返し構文の代表例を紹介します。

2.では「Do While構文（継続条件)」を、

3.では「Do Until構文（終了条件)」を、

それぞれ紹介します。

2. Do While構文（継続条件）

Do While～Loop構文は、繰り返しの「継続条件」を指定できる構文です。

例えば、「**音楽が流れている間は、ずっと手拍子を繰り返す**」という例で表します。

● **継続条件**：音楽が流れている間は

● **処理**：手拍子を繰り返す

（継続条件）音楽が流れている間ずっと

（処理）手拍子をする

このように指定することで、「継続条件」を満たしている間はずっと処理を繰り返すのが、Do While〜Loop構文の仕組みです。

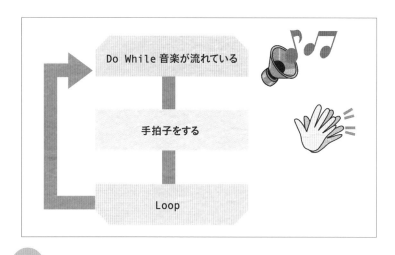

書式

```
Do While  継続条件
    処理内容
Loop
```

● 「継続条件」には、条件式を記述します。

以下に具体的なコード例を紹介します。

[例] B列において、上から順に "OK" という文字列を入力する
処理を繰り返す。
ただし、A列の値＜140である限り、繰り返しを継続する
（その条件から外れたら繰り返しを終了する）

	A	B
1	番号	チェック
2	81	
3	112	
4	129	
5	130	
6	135	
7	135	
8	138	
9	140	
10	179	
11	187	
12	199	
13	208	

例

```
Sub example6_3_2()

    'カウンター変数
    Dim i As Long
    i = 2

    '繰り返し
    Do While Cells(i, "A").Value < 140
        Cells(i, "B").Value = "OK"
        i = i + 1    'カウンター変数を+1
    Loop

End Sub
```

- カウンター変数「i」を宣言し、初期値として2を代入しています。
- Do Whileの継続条件には「Cells(i, "A").Value < 140」と記述しています。これは、セルの値が140より小さいという条件を意味します。
- 条件に一致する限りは、隣のセルに "OK" という文字列を代入します。
- よって、右のような実行結果となります。

	A	B
1	番号	チェック
2	81	OK
3	112	OK
4	129	OK
5	130	OK
6	135	OK
7	135	OK
8	138	OK
9	140	
10	179	
11	187	
12	199	
13	208	

このとき、「i = i + 1」というコードを決して忘れないようにしてください！
For〜Next構文では、構文によって自動的に変数iが+1されますが、Do While〜Loop構文やDo Until〜Loop構文では、コードに書かなければ変数が+1されません。そのため、「i = i + 1」と書いておかなければ、ずっと変数iは同じ値のまま、コードを無限に繰り返し続けてしまいます（このような現象を「無限ループ」といいます）。

上記の無限ループに陥ったら、マクロの処理が高速に無限に繰り返されるため、Excelがフリーズ状態になってしまいます。
もしも無限ループに陥ってしまったら、Escキーを押し続けるか、Ctrl+Pause/Breakキーを押してマクロを強制的に中断させましょう。

 次の **3.** の学習のために、シートの「リセット」ボタンを押して、シートを初期化しておきましょう。

3. Do Until 構文 (終了条件)

Do Until～Loop構文は、繰り返しの「終了条件」を指定できる構文です。先ほどの「Do While～Loop構文」とよく似ていますね。

例えば、「**音楽が止まったら終了。ずっと手拍子を繰り返す**」という例で表せます。

- 終了条件：音楽が止まる（止まったら終了）
- 処理：手拍子を繰り返す

（終了条件）音楽が止まるまでは

（処理）手拍子をする

このように指定することで、「終了条件」を満たしたら処理を終了させるのが、Do Until～Loop構文の仕組みです。

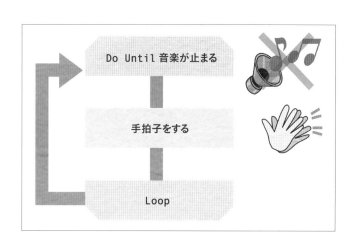

```
Do Until  終了条件
    処理内容
Loop
```

● 「終了条件」には、条件式を記述します。

では、以下に具体的なコード例を紹介します。

[例] B列において、上から順に"OK"という文字列を入力する処理を繰り返す。
ただし、A列の値≧140になったら繰り返しを終了する

	A	B
1	番号	チェック
2	81	
3	112	
4	129	
5	130	
6	135	
7	135	
8	138	
9	140	
10	179	
11	187	
12	199	
13	208	

例

```
Sub example6_3_3()

    'カウンター変数
    Dim i As Long
    i = 2

    '繰り返し
    Do Until Cells(i, "A").Value >= 140
        Cells(i, "B").Value = "OK"
        i = i + 1      'カウンター変数を+1
    Loop

End Sub
```

- カウンター変数「i」を宣言し、初期値として2を代入しています。
- Do Untilの終了条件には「Cells(i, "A").Value >= 140」と記述しています。これは、セルの値が140以上という条件を意味します。
- 隣のセルに "OK" という文字列を代入し続けますが、終了条件に一致したら繰り返しを終了します。
- よって、右のような実行結果となります。

	A	B
1	番号	チェック
2	81	OK
3	112	OK
4	129	OK
5	130	OK
6	135	OK
7	135	OK
8	138	OK
9	140	
10	179	
11	187	
12	199	
13	208	

補足

Do WhileとDo Untilは表裏一体

2.と3.のコード例を見て、「どちらで記述しても結果は同じではないか？」と思った方もいるのではないでしょうか。その通りです。Do Whileは「継続条件」、Do Untilは「終了条件」を指定する繰り返しの構文ですが、条件の書き方は違えど、同じ処理を行うことができます。そういう意味では、Do WhileとDo Untilは表裏一体の関係と言えるでしょう。

では、実用マクロにおいてどちらを使用すればいいでしょうか？　絶対的な正解はなくケースバイケースで判断することが多いです。

- どちらの構文で記述した方がコードがシンプルにまとまるか？
- どちらの構文で記述した方が他人が読んで理解しやすいコードになるのか？

上記を考慮しつつ、ベターな方を選択するとよいでしょう。
筆者の場合は、条件式が複雑にならず、シンプルな条件式で表すことができる方を選択する傾向にあります。

確認問題

📄xlsm 教材ファイル「6章レッスン3確認問題.xlsm」を使用します。

	A	B	C	D	E	F	G
1	購入ID	日付	氏名	商品名	単価	数量	金額
2	1	2021/1/1	相川なつこ	Wordで役立つビジネス文書	3,980	2	
3	9	2021/1/9	長坂美代子	Excelデータ分析初級編	4,500	2	
4	17	2021/1/17	長坂美代子	パソコンをウィルスから守る	3,980	1	
5	25	2021/1/25	篠原哲雄	Wordで役立つビジネス文書	3,980	1	
6	33	2021/2/2	布施寛	超速タイピング術	4,500	1	
7	41	2021/2/10	布施寛	PowerPointプレゼン術	4,200	1	
8	49	2021/2/18	水戸陽太	PowerPointアニメーション	2,480	2	
9	57	2021/2/26	水戸陽太	はじめからWindows入門	1,980	2	
10	65	2021/3/6	山田大地	初心者脱出のExcel術	2,480	1	
11	73	2021/3/14	山田大地	パソコンをウィルスから守る	3,980	1	
12	81	2021/3/22	山田大地	Excelデータ分析初級編	4,500	1	
13	89	2021/3/30	山田大地	Wordで役立つビジネス文書	3,980	1	
14	97	2021/4/7	小林アキラ	Excelこれから入門	2,480	1	
15	105	2021/4/15	小林アキラ	Wi-Fiでつながるインターネ	1,980	1	
16	113	2021/4/23	吉川真衣	PowerPointプレゼン術	4,200	1	
17	121	2021/5/1	吉川真衣	超速タイピング術	4,500	1	
18	129	2021/5/9	白川美優	Excelピボットテーブル完全	3,600	1	
19	137	2021/5/17	若山佐一	Wordじっくり入門	2,480	2	
20							

1. [購入ID]列の値が50を超えない限り繰り返しを継続する
   ものとして、
   [単価]列のセルの値×[数量]列のセルの値 の計算結果を
   [金額]列のセルに代入してください。

▶ 動画レッスン6-3t

2. [購入ID]列の値が100以上になったら繰り返しを終了する
   ものとして、
   [単価]列のセルの値×[数量]列のセルの値 の計算結果を
   [金額]列のセルに代入してください。

https://excel23.com/
vba-juku/chap6-
lesson3test/

※模範解答は、370ページに掲載しています。

第7章

最終行の取得

最後までマクロに
処理させよう

やった！ ついに繰り返し処理するマクロができたッス！

セル男君、どんどん進歩してるね！
……でも、油断しちゃいけない！ 実用マクロを作るには、「最終行の取得」も考慮した方がいいんだ。

「最終行」って……？ シートの最後の行のことッスか？

そう。前章で学んだ「For～Next構文」を使えば、例えばシートの2～19行を繰り返し処理する処理ができるようになった。でも、このままでは2～19行しか処理できないマクロになってしまうよね？

	A	B	C	D	E	F	G	H	I
1	購入ID	日付	氏名	商品コード	商品名	商品分類	単価	数量	金額
2	1	2022/1/1	相川なつこ	a00001	Wordで役立つビジネス	Word教材	3,980	2	7,960
3	2	2022/1/2	長坂美代子	a00002	Excelデータ分析初級編	Excel教材	4,500	2	9,000
4	3	2022/1/3	長坂美代子	a00003	パソコンをウィルスか	パソコン教材	3,980	1	3,980
5	4	2022/1/4	篠原哲雄	a00001	Wordで役立つビジネス	Word教材	3,980	1	3,980
6	5	2022/1/5	布施寛	a00004	超速タイピング術	パソコン教材	4,500	1	4,500
7	6	2022/1/6	布施寛	a00005	PowerPointプレゼン術	PowerPoint教材	4,200	1	4,200
8	7	2022/1/7	水戸陽太	a00006	PowerPointアニメーシ	PowerPoint教材	2,480	1	4,960
9	8	2022/1/8	水戸陽太	a00007	はじめからWindows入	パソコン教材	1,980	2	3,960
10	9	2022/1/9	山田大地	a00008	初心者脱出のExcel術	Excel教材	2,480	1	2,480
11	10	2022/1/10	山田大地	a00003	パソコンをウィルスか	パソコン教材	3,980	1	3,980
12	11	2022/1/11	山田大地	a00002	Excelデータ分析初級編	Excel教材	4,500	1	4,500
13	12	2022/1/12	山田大地	a00001	Wordで役立つビジネス	Word教材	3,980	1	3,980
14	13	2022/1/13	小林アキラ	a00009	Excelこれから入門	Excel教材	2,480	1	2,480
15	14	2022/1/14	小林アキラ	a00010	Wi-Fiでつながるインタ	パソコン教材	1,980	1	1,980
16	15	2022/1/15	吉川真衣	a00005	PowerPointプレゼン術	PowerPoint教材	4,200	1	4,200
17	16	2022/1/16	吉川真衣	a00004	超速タイピング術	パソコン教材	4,500	1	4,500
18	17	2022/1/17	白川美優	a00011	Excelピボットテーブル	Excel教材	3,600	1	3,600
19	18	2022/1/18	若山佐一	a00012	Wordじっくり入門	Word教材	2,480	2	4,960

最終行は変化するのに……決まった行までしか処理できない！

そうッスねぇ……。
最終行は常に必ず19行目とは限らないッス！ データが増えれば、20行とか、30行とか、最終行はどんどん変化していくッスね。

そうなんだ。そこで、シートの最終行を自動的に取得する処理が必要となる。それが、「最終行の取得」なんだ。

そんなことができるッスか！便利ッスね！

そう。「最終行の取得」のコードは、実務の現場では定型句のように使われているんだ。そのコードを学んで、使いこなせるようになろう！

★☆☆

レッスン1
最終行の取得 入門

[XLSM] 教材ファイル「7章レッスン1.xlsm」を使用します。　　▶ 動画レッスン7-1

1. こんな問題を解決する！「最終行の取得」

シートの2〜10行目を処理するマクロを作った。
ところが、データ数が増えて、最終行が20行目に変わってしまった。マクロを修正しなければ……

https://excel23.com/vba-juku/chap7-lesson1/

Excel実務では、上記のような問題は頻繁にあります。日々データの数が増えたり減ったりすると、シートの最終行が変わってしまうので、それに対応できるマクロを作らなければなりません。

そんなときに、本レッスンで解説する「最終行の取得」が役に立ちます。

「最終行の取得」コードを記述しておけば、データのある最終行が何行目なのか、マクロが自動で取得してくれるようになります。実務においては必須のスキルなので、本レッスンで詳しく学んでいきましょう。

2. イメージで理解する「最終行の取得」

まず、大まかなイメージを理解しましょう。

そのために、「サルの群れのリーダー」を例に解説します。

① サルの群れの先頭にいるリーダーが、てっぺんから後続のサル達を眺めています。

②「群れの最後尾のサルは誰だろう?」

③ そこで、「いったん地面に降りてから上に登っていき、**最初に出会ったサルが最後尾のサルだ**」と考えました。

最後尾のサルは
誰だろう?

地面から登っていき、
**最初に出会ったのが
最後尾のサルだ**

③では、上から下へたどっていくのではなく、**いったん地面に降りてから上に登っていく点がポイント**です。なぜそうするのかは後ほど解説します。とにかく、今はそういうイメージを持っておいてください。

3. 最終行を取得するコード

「最終行の取得」を行うコードを紹介します。

書式

```
Cells(Rows.Count, 1).End(xlUp).Row
```

上記のコードだけでは理解が進まないと思いますので、順番に説明していきます。

142

VBAにおいては、よく使われる定型句のようなコードがありますが、この「最終行の取得」の
コードも定型句と言える有名なコードです。

このコードを紹介したとき、もっともよく聞かれる質問が「このコードを暗記した方がいいで
すか?」という質問です。結論からいうと、「丸暗記しなくても、メモして必要なときに参照す
れば大丈夫です」という答えになります。現段階で焦って丸暗記を目指す必要はありませ
ん。VBAは丸暗記することよりも実践で使えることの方がまずは重要です。
本レッスンの解説を読んで意味を理解できたら、いったん紙に書いたりメモ帳などに保存し
ておき、必要なときに参照したり、コピー&ペーストして利用できるようにしておきましょう。
コラムでも書いたように、「VBAはカンニングOK」です。それに、カンニングを使って何度
もコードを打ち込んでいくと、そのうち自然と覚えてしまいます。

4. VBA「最終行の取得コード」を順番に解説

それではVBAの話に戻り、先ほど 3. で紹介した「最終行の取得」コードを順番に解説
していきます。

1. まず、シートの最終セルを指定する

まず、以下の赤い下線のコードを解説します。

例

```
Cells(Rows.Count, 1).End(xlUp).Row
       シートの最大行 , 1列目
```

このコードをひとことで言うと、**「シートの最終セルを指定する」** です。
2. のサルの例え話でいうと、**「いったん地面に着地する」** という部分に相当します。

まず、「Cells」は「Cells(行 , 列)」という書式でセルを指定するコードです。
その中にある「Rows.Count」というコードは、**シートの最大行数**を取得するプロパティ
です。「最大行数」とは、シートで利用できる限界の行数を意味します。Excel2007以降
のバージョンでは、1つのシートの最大行数は「1,048,576行」となります。

つまり、「Rows.Count」というコードで、「1048576」という行番号が取得できます。

	A	B	C	D
1048571				
1048572				
1048573				
1048574				
1048575				
1048576				

Excel2003以前ではシートの最大行数は「65,536行」となります。

よって、「Cells(Rows.Count,1)」というコードは、「Cells(1048576,1)」と同じ意味になります。このコードで、シートの末尾にある1列目のセルを指定しているのです。

Excelシートの空白セルでCtrl +↓キーを押すと、シートの最下部へ飛ぶことができます。すると、行番号が「1,048,576」となっていることが確認できます。

2. 上へ飛んで、最初に当たったセルを指定する（Endプロパティ）
続いて、以下の青い下線のコードを解説します。

例
```
Cells(Rows.Count, 1).End(xlUp).Row
```
シートの最大行,1列目　　端へ飛ぶ(上へ)

このコードをひとことで言うと、「**上へ飛んで、最初に当たったセルを指定する**」です。
2.のサルの例え話でいうと、「**地面から登っていき、最初に出会ったサルを指定する**」という部分に相当します。

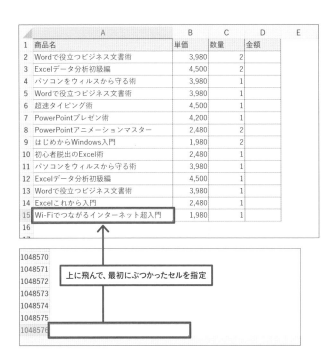

先ほど **1.** ではいったんシートの最終セルを指定したので、そこから上へと飛んでいけば、最初に当たったセルがデータの最終行であるはずだという理屈です。

「.End(引数)」は、データの端（エンド）へと飛んだセルを指定するプロパティです。
「.End(xlUp)」のように、引数にxlUpという定数を記述すると、上方向へと飛ぶという意味になります。

Endプロパティは、( )内の引数を他の定数に書き換えれば、上下左右それぞれの方向に飛ぶことができます。
Endプロパティについては、ダウンロードPDF教材の**補講C レッスン2**で詳しく解説していますので、参照してください（ダウンロード元はⅲページ参照）。

表7-1-1

定数名	方向
xlUp	上方向
xlDown	下方向
xlToLeft	左方向
xlToRight	右方向

なお、Excel シート上で以下の操作をすると、End プロパティと同じような動作を実行することができます。

1 キーボードの [End] キーを押すと、左下に「Endモード」と表示されます。
この状態は「Endモード」といって、キーボードの上下左右キーを押すとデータの端へとカーソルが飛びます。Endモードで下キーを押して、シートの末尾（A列の1048576行目セル）に移動しておきます。途中のセルで止まった場合は、もう一度下キーを押して、シートの末尾まで移動してください。

2 そのままキーボードの [↑] キーを押すと、上に飛んでいき、最初に当たったセルまで一瞬でカーソルが移動します。

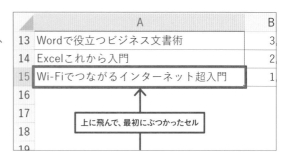

このようにEndモードでカーソルを移動することは、感覚的にはVBAの「.End(引数)」というコードと同じだと理解できます。

Endモードを利用しなくても、Ctrl キーを押しながらキーボードの上下左右キーを押すことで、Endモードと同じようなカーソル移動ができます。

3. 行番号を取得する（Row プロパティ）

最後に、以下の緑の下線のコードを解説します。

例

```
Cells(Rows.Count, 1).End(xlUp).Row
```
シートの最大行, 1列目　端へ飛ぶ(上へ)　行番号

ここまでの **1.** と **2.** によって、サルの例え話でいえば「地面から登っていき、最初に出会ったサル」を指定することができました。

最後に、「 .Row 」（Rowプロパティ）では、**セルの行番号を取得**します。

8	PowerPointアニメーションマスター	2,480	2	
9	はじめからWindows入門	1,980	2	
10	初心者脱出のExcel術	2,480	1	
11	パソコンをウィルスから守る術	3,980	1	
12	Exce〔 行番号を取得する（.Row） 〕	4,500	1	
13	Wordで役立つビジネス文書術	3,980	1	
14	Excelこれから入門	2,480	1	
15	Wi-Fiでつながるインターネット超入門	1,980	1	
16				
17				

例えば、指定のセルがシートの15行目にあった場合、Rowプロパティで取得される値は「15」ということになります。

以上の **1.** 〜 **3.** により、データの最終行の行番号を取得することができます。

4. メッセージボックスで最終行を出力する

以下の表において、最終行を取得し、メッセージボックスで出力するコード例を見てみましょう。

	A	B	C	D	E
1	商品名	単価	数量	金額	
2	Wordで役立つビジネス文書術	3,980	2		
3	Excelデータ分析初級編	4,500	2		
4	パソコンをウィルスから守る術	3,980	1		
5	Wordで役立つビジネス文書術	3,980	1		
6	超速タイピング術	4,500	1		
7	PowerPointプレゼン術	4,200	1		
8	PowerPointアニメーションマスター	2,480	2		
9	はじめからWindows入門	1,980	2		
10	初心者脱出のExcel術	2,480	1		
11	パソコンをウィルスから守る術	3,980	1		
12	Excelデータ分析初級編	4,500	1		
13	Wordで役立つビジネス文書術	3,980	1		
14	Excelこれから入門	2,480	1		
15	Wi-Fiでつながるインターネット超入門	1,980	1		
16					

```
Sub example7_1_4()
    MsgBox Cells(Rows.Count, 1).End(xlUp).Row
End Sub
```

- 上記の「Cells(Rows.Count, 1).End(xlUp).Row」で、シートにデータがある最終行を取得します。
- 最終行は15行目なので、メッセージボックスで「15」と出力されます。

 上記のシートで、ためしに、セルA16に何らかのデータを入力してからマクロをもう一度実行してみましょう。すると、メッセージボックスで「16」と出力されます。

このように、「最終行の取得」を記述すれば、自動的にA列の最終行を取得してくれることがわかります。

なぜ下から上へと飛んで最終行を取得するの？

本レッスンで紹介した「最終行の取得」の定型コードは、サルの例え話でも説明したように、**いったんシートの最終セルを指定してから上に飛んでデータの入った最終セルを取得する**という方法でした。

なぜ、このような回りくどい方法を取っているのでしょうか？

その理由は、

①表の途中に空白セルがある可能性があるため

②表が1行目のタイトル行しかない可能性があるため

といった理由が挙げられます。

上記の2つは、上から下に向かって飛んで最終行を取得するコードでは、避けることができないのです。

具体的なコード例を用いて説明します。

以下のコードは、セルA1から下に向かって飛び、データの端にあるセルの行数を取得するコード例です。

```
Range("A1").End(xlDown).Row
```
セルA1から　　　　下へ飛ぶ　　　行番号を取得

	A	B	C	D	E
1	商品名	単価	数量	金額	
2	Wordで役立つビジネス文書術	3,980	2		
3	Excelデータ分析初級編	4,500	2		
4	パソコンをウィルスから守る術	3,980	1		
5	Wordで役立つビジネス文書術	3,980	1		
6	超速タイピング術	4,500	1		
7	PowerPointプレゼン術	4,200	1		
8	PowerPointアニメーションマスター	2,480	2		
9	はじめからWindows入門	1,980	2		
10	初心者脱出のExcel術	2,480	1		
11	パソコンをウィルスから守る術	3,980	1		
12	Excelデータ分析初級編	4,500	1		
13	Wordで役立つビジネス文書術	3,980	1		
14	Excelこれから入門	2,480	1		
15	Wi-Fiでつながるインターネット超入門	1,980	1		
16					

特に問題のない表であれば、上記のコードで最終行を取得することができます。ところが、以下の場合では問題が起きてしまいます。

①途中に空白セルがあった場合

表の途中に空白セルがあった場合、Endプロパティは、その空白セルの手前のセルを指定してしまうという性質があります。すると、**空白セルの手前を最終行として取得**してしまいます。

②1行目のタイトル行しかない場合

もしも表にタイトル行しかなく、その他のデータがなかった場合、Endプロパティ は、すべての空白セルを飛ばしてシートの最終セルまで飛んでしまう性質がありま す。すると、シートの最終行を最終行として取得してしまいます。

① 途中に空白セルがあると、その 手前で止まってしまう

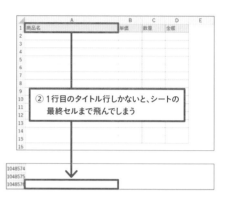

② 1行目のタイトル行しかないと、シートの 最終セルまで飛んでしまう

①②のような問題の可能性を挙げましたが、2.で紹介した下から上へと飛んでい くコードならば①②の問題を避けることができ、より安全性が高いと言えます。

以上の理由から、最終行の取得においては、上から下へ飛ぶコードよりも、下か ら上へ飛ぶコードの方が実務の現場でも広く普及したと考えられます。

ただし、下から上へ飛ぶコードも、完璧ではありません。注意点もあるので、次 の補足で説明します。

使用上の注意!「最終行の取得」コード

本レッスンで紹介した「最終行の取得」の定型コードにも、欠点と注意点があり ます。以下の場合には注意してください。

①表の下方に余計なデータがある場合

図のように、表の下方の離れたセルに余計なデータが入力されている場合、正し く最終行を取得できません。

最終行の取得コードの性質上、「**シートの最終セルから上に飛んで、最初に当たったセル**」を最終セルとする仕組みになっています。したがって、表の下方に余計なデータが入力されている場合、そのセルの行が「最終行」とみなされてしまいます。注意しましょう。

10	初心者脱出のExcel術	2,480
11	パソコンをウィルスから守る術	3,980
12	Excelデータ分析初級編	4,500
13	Wordで役立つビジネス文書術	3,980
14	Excelこれから入門	2,480
15	Wi-Fiでつながるインターネット超入門	1,980
16		
17		
18	この行が「最終行」とみなされてしまう	
19		
20		
21		
22	あ	
23		

②A列にデータがない場合
表のレイアウトによっては、A列が空白の場合もあります。この場合は正しく最終行を取得できません。

	A	B	C
1		商品名	単価
2		Wordで役立つビジネス文書術	3,980
3		Excelデータ分析初級編	4,500
4		パソコンをウィルスから守る術	3,980
5		Wordで役立つビジネス文書術	3,980
6		超速タイピング術	4,500
7		PowerPointプレゼン術	4,200
8		PowerPointアニメーションマスター	2,480
9		はじめからWindows入門	1,980
10		初心者脱出のExcel術	2,480
11		パソコンをウィルスから守る術	3,980
12		Excelデータ分析初級編	4,500
13		Wordで役立つビジネス文書術	3,980
14		Excelこれから入門	2,480
15		Wi-Fiでつながるインターネット超入門	1,980
16			
17			
18			

「Cells(Rows,1)」というコードの「1」は、シートの1列目（すなわちA列）を意味します。したがって、「1」のままだと、**A列の最終行しか取得することができません。**例えば、上記のようなシートの場合はB列の最終行を取得する必要があるためCellsの第2引数を「1」でなく「2」に変更しましょう。

```
Cells(Rows.Count, 2).End(xlUp).Row
```

また、実務においては、「B列は**必ずデータが入力される**行なのかどうか？」も確認してください。
最終行を取得するには、必ずデータが入力されている列から取得する必要があります。

☆ ☆ ☆

レッスン**2**
最終行の取得コードの使い方

📄 **教材ファイル「7章レッスン2.xlsm」を使用します。**   ▶ 動画レッスン7-2

https://excel23.com/
vba-juku/chap7-
lesson2/

1. 最終行を取得し、変数に代入する

ここでは、具体的な例とともに、「最終行の取得」コードの使い方を
紹介します。

表の最終行を取得したら、変数に代入して利用することがよくあります。

変数名は、「maxRow」や「lastRow」などの変数名がよく使われ

ます。いずれも「最終行」という意味です。本書では「maxRow」という変数名に統一し

ます。

以下の表の最終行を変数に代入し、メッセージボックスで出力するコードの例です。

	A	B	C	D	E
1	商品名	単価	数量	金額	
2	Wordで役立つビジネス文書術	3,980	2		
3	Excelデータ分析初級編	4,500	2		
4	パソコンをウィルスから守る術	3,980	1		
5	Wordで役立つビジネス文書術	3,980	1		
6	超速タイピング術	4,500	1		
7	PowerPointプレゼン術	4,200	1		
8	PowerPointアニメーションマスター	2,480	2		
9	はじめからWindows入門	1,980	1		
10	初心者脱出のExcel術	2,480	1		
11	パソコンをウィルスから守る術	3,980	1		
12	Excelデータ分析初級編	4,500	1		
13	Wordで役立つビジネス文書術	3,980	1		
14	Excelこれから入門	2,480	1		
15	Wi-Fiでつながるインターネット超入門	1,980	1		
16					

例

```
Sub example7_2_1()
    '変数を宣言
    Dim maxRow As Long
    '最終行を取得
    maxRow = Cells(Rows.Count, 1).End(xlUp).Row
```

```
        'MsgBoxで出力
        MsgBox maxRow
    End Sub
```

- まず、変数「maxRow」を宣言しています（型は整数型の「Long」です）。
- 次に「maxRow = Cells(Rows.Count, 1).End(xlUp).Row」というコードで、最終行を取得して変数maxRowに代入しています。
- 最後に、「MsgBox maxRow」というコードで、変数maxRowの値をメッセージボックスに出力します。その結果、メッセージボックスに「15」と出力されます。

2. 最終行を取得し、繰り返し（For~Next構文）に利用する実用例

続いて1.の実用的な応用例です。

最終行を取得して、繰り返し（For～Next構文）に利用します。

表の1行目～最終行まで、[単価]×[数量]を計算し、[金額]列のセルに代入します。

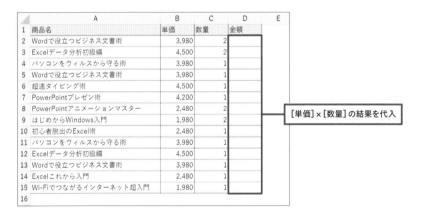

[単価]×[数量]の結果を代入

```
Sub example7_2_2()
    '最終行を取得
    Dim maxRow As Long
    maxRow = Cells(Rows.Count, 1).End(xlUp).Row
    '繰り返し
    Dim i As Long
    For i = 2 To maxRow
        Cells(i, "D").Value = _改行
            Cells(i, "B").Value * Cells(i, "C").Value
    Next i
End Sub
```

- 「maxRow = Cells(Rows.Count, 1).End(xlUp).Row」というコードにより、変数maxRowには、最終行である「15」が代入されます。

- 繰り返しのFor〜Next構文では、「For i = 2 To maxRow」と記述しています。したがって、変数iは、開始値「2」から終了値「maxRow（値は15）」まで1ずつ増加していきます。

- よって、変数iは「2、3、4、5…15」と変化していくため、「Cells(i, "D").Value = Cells(i, "B").Value * Cells(i, "C").Value」というコードにより、シートの2行目、3行目、4行目…15行目が順番に処理されていきます。

	A	B	C	D	E
1	商品名	単価	数量	金額	
2	Wordで役立つビジネス文書術	3,980	2	7,960	
3	Excelデータ分析初級編	4,500	2	9,000	
4	パソコンをウィルスから守る術	3,980	1	3,980	
5	Wordで役立つビジネス文書術	3,980	1	3,980	
6	超速タイピング術	4,500	1	4,500	
7	PowerPointプレゼン術	4,200	1	4,200	
8	PowerPointアニメーションマスター	2,480	2	4,960	
9	はじめからWindows入門	1,980	2	3,960	
10	初心者脱出のExcel術	2,480	1	2,480	
11	パソコンをウィルスから守る術	3,980	1	3,980	
12	Excelデータ分析初級編	4,500	1	4,500	
13	Wordで役立つビジネス文書術	3,980	1	3,980	
14	Excelこれから入門	2,480	1	2,480	
15	Wi-Fiでつながるインターネット超入門	1,980	1	1,980	
16					

確認問題

XLSM 教材ファイル「7章レッスン2確認問題.xlsm」を使用します。

	A	B	C	D	E	F	G	H
1	売上日	商品型番	販売単価	売上数量	売上金額		物件名	所在地
2	2021/10/17	D88-F-PPL	30,320	20			南品川スイートホーム	東京都品川区南品川x
3	2021/10/17	T32-S-RED	18,600	16			旗の台グランドステージ	東京都品川区旗の台xx
4	2021/10/18	Y46-M-RED	25,200	19			西品川ゴールドハウス	東京都品川区西品川x-xx-xx
5	2021/10/18	J01-T-PPL	25,000	10			東大井プレミアハウス	東京都品川区東大井x
6	2021/10/18	L01-T-RED	52,000	13			小山ネクストハウス	東京都品川区小山x
7	2021/10/18	D88-F-BLK	14,980	13			東大井リトルプレイス	東京都品川区東大井x
8	2021/10/18	Y46-M-GRN	23,000	19			東大井ガーデンコート	東京都品川区東大井x
9	2021/10/18	Q81-S-BLU	28,500	17			五反田の新築一戸建て	東京都品川区西五反田x
10	2021/10/19	J01-T-PPL	25,000	14			大井グレートアクセス	東京都品川区大井x
11							旗の台セカンドステージ	東京都品川区旗の台xx
12								

1. 左の表の最終行を取得し、変数maxRowに代入してください。次に、変数の値をメッセージボックスで出力してください。

 動画レッスン7-2t

2. 左の表の最終行を取得し、変数maxRowに代入してください。次に、For 〜 Next 構文で2行目からmaxRowまで以下の処理を行ってください。

   [販売単価] 列のセルの値 × [売上数量] 列のセルの値の計算結果を、[売上金額] 列のセルに代入する

https://excel23.com/
vba-juku/chap7-
lesson2test/

3. 右の表の最終行を取得し、変数maxRowに代入してください。次に、変数の値をメッセージボックスで出力してください。

※模範解答は、370ページに掲載しています。

コラム

VBEのショートカットキー 一覧

VBEで使用できるショートカットキーのうち、初心者のうちに押さえておくと非常に便利なものを抜粋して紹介します。

表 7-2-1　VBEのショートカット

ショートカットキー	概要	説明
Tab （⇄Shift + Tab）	インデント（⇄インデントを戻す）	コードを字下げ（インデント）またはそれを戻します。
Ctrl+Space （Ctrl+J）	自動メンバー表示	コードの途中で押すと、以降のコードを補完する候補が表示されます。
Ctrl+G	イミディエイトウィンドウの表示	即座にコードを実行できるウィンドウです。Debug.Print（**第3章**で紹介）でも出力されるウィンドウです。
F8	ステップイン	コードを1行実行して進めます。
F5	Sub/ユーザーフォームの実行	Subプロシージャを実行します。
Alt+F11	VBEを起動 ⇄ Excelに戻る	ExcelからVBEを起動する際のショートカットキーですが、逆に、Excelに戻る場合にも同じショートカットキーとなります。
Shift+F2 ⇄ Ctrl+Shift+F2	定義（⇄元に戻る）	変数やプロシージャを定義した行へジャンプします。Ctrl+Shift+F2で元の場所へ戻ります。
Ctrl+←または→	左または右の単語へ	単語単位でカーソルを移動できます。
Ctrl+↑または↓	上または下のプロシージャへ	プロシージャ単位でカーソルを移動できます。
Home ⇄ End	行頭へ ⇄ 行末へ	行頭または行末へカーソルを移動できます。
PgUp ⇄ PgDn	1ページ上へ ⇄ 下へ	ページ単位で上下に移動できます。

第8章

条件分岐

条件によって処理を変えよう

兄さん！　マクロ作りで困ってるッス！
ボクの業務では、「購入金額」が15000円以下の場合は、送料500円を計上する。そうでなければ送料は0円にする。というルールがあるッス。
そういうマクロを作ることは可能ッスか？

なるほど。そんなときには「条件分岐」を使えば可能だよ！

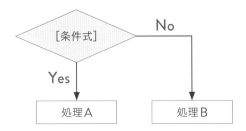

例えば、こんなマクロを作ることができる。

・条件にあてはまるなら処理Aを実行する。

・そうでなければ処理Bを実行する。

条件式によって判定して、自動的に処理を切り替えることができる。それが「条件分岐」なんだ！

なるほど、そんなことができるッスね！
なら、ボクのマクロは、こんな処理の流れにすればいいッスね。

・[金額]が15000以下なら、[送料]に500を代入する。

・そうでなければ[送料]に0を代入する。

その通り！　早速、学んでいこう！

レッスン1
条件分岐 入門（If~End If構文）

📄 教材ファイル「8章レッスン1.xlsm」を使用します。　▶ 動画レッスン8-1

https://excel23.com/
vba-juku/chap8-
lesson1/

1. 条件分岐でできること

条件によってマクロの処理を分けることを「条件分岐」といいます。
条件分岐を利用すると、例えば次のようなことができます。

- [金額]が10000以上かどうか判定し、もし10000以上なら
  [送料]に数値を代入する
- セルが空白かどうか判定し、もし空白なら「0」を代入する
- セルに特定の文字列が含まれているか判定し、もし含まれているならセルの値を削除
  する

このように、「**もし○○なら□□する**」という形で処理を切り替えることができるのが「**条件分岐**」です。

2. 条件分岐のイメージを日常の例で理解しよう

「条件分岐」について、日常の例で考えてみましょう。以下の図は、「雨が降っているかどうかによって、傘を開く/傘を開かない」という行動を分ける例です。

条件を整理すると、以下のように表せます。

もし[雨が降っている]なら　→　傘を開く
　　　条件　　　　　　　　　　Yesの場合

　　　　　　　　　　　　　　　傘を開かない（何もしない）
　　　　　　　　　　　　　　　Noの場合

これを、フローチャート（プログラムの流れをあらわす図形）で表してみます。

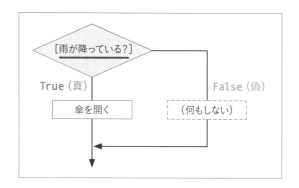

VBAの条件分岐においては、条件に一致することを「True（真）」といいます。その逆は「False（偽）」といいます。したがって、雨が降っているかどうかという条件に対し、True（真）の場合は「傘を開く」という処理を実行し、False（偽）の場合は傘を開かない（何もしない）という処理を実行します。

Falseの場合に何か特定の処理を行うこともできます。例えば、「Falseの場合には帽子をかぶる」といったイメージです。その方法については本章の**レッスン2**で解説します。

3. If ～ End If構文

それでは、VBAで条件分岐を行う構文として、「If ～ End If構文」を紹介します。

書式

```
If [条件式] Then
    True(真)の場合の処理
End If
```

- [条件式] に一致する場合には、True（真）の場合の処理が実行されます。一致しない場合には、何も実行されません。
- 上と下に「If~Then」と「End If」を記述し、その間にTrue（真）の場合の処理を記述します。
- 条件式の書き方については、次の **4.** で詳しく解説します。

True（真）の場合の処理を記述する際には、Tabキーを押して、一段階インデント（字下げ）するのが通例です。
これは、上の「If～Then」と下の「End If」の間にあるコードであることを、見た目に分かりやすく表現するためです。

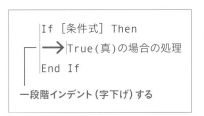

```
If ［条件式］ Then
   →│True（真）の場合の処理
End If
```
一段階インデント（字下げ）する

4. 条件式の書き方 代表的な5パターン

つづいて、条件式の書き方を紹介します。

条件式の主なパターン

条件式には、主に5種類のパターンがあります。
それぞれ、「=」や「<」などの「**比較演算子**」と呼ばれる記号を使用して条件式を書きます。

表 8-1-1

条件	式のパターン
①等しい	左辺 = 右辺
②大小	左辺 < 右辺 ， 左辺 > 右辺
③以上、以下	左辺 <= 右辺 ， 左辺 >= 右辺
④文字列のパターン比較	左辺 Like 文字列パターン
⑤等しくない	左辺 <> 右辺

① 等しいかどうか判定

左辺と右辺が等しいかどうかを判定する条件式です。記号「=」を使用します。

書式

```
左辺 = 右辺
```

VBAでは、「=」という記号には2つの意味があります。

①左辺と右辺が等しいかどうか比較する「比較演算子」としての「=」

②変数やプロパティに値を代入する際のように、左辺←右辺の方向へ値を代入する「代入演算子」としての「=」

条件分岐においては、①の比較演算子としての「=」を使用します。

右の表を用いて、具体的なコード例を紹介します。

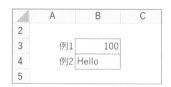

[例1] もしセルB3の値が「100」なら、「100と一致します」とメッセージボックスで出力する

例

```
Sub example8_1_4a()
    If Range("B3").Value = 100 Then
        MsgBox "100と一致します"
    End If
End Sub
```

● 条件式「Range("B3").Value = 100」で、セルB3の値は100と一致するかどうかを判定します。

- Trueの場合、「MsgBox "100と一致します"」が実行されます。

 試しに、セルB3の値を手動で書き換えて、100以外の値に変更してからマクロを実行してみましょう。すると条件に一致しなくなるため、何も実行されなくなります。

[例2] もしセルB4の値が"Hello"なら、メッセージボックスで"Helloと一致します" と出力する

```
Sub example8_1_4b()
    If Range("B4").Value = "Hello" Then
        MsgBox "Helloと一致します"
    End If
End Sub
```

- 条件式「Range("B4").Value = "Hello"」で、セルB4の値は"Hello"と一致するかどうかを判定します。
- Trueの場合、「MsgBox "Helloと一致します"」が実行されます。

 試しに、セルB4の値を手動で書き換えて、"Hello"以外の値に変更してからマクロを実行してみましょう。すると条件に一致しなくなるため、何も実行されなくなります。

②大小を判定

左辺と右辺の大小を判定する条件式です。「<」「>」を使用します。

```
左辺 < 右辺　（左辺は右辺より小さい）
左辺 > 右辺　（左辺は右辺より大きい）
```

右の表を用いて、具体的なコード例を紹介します。

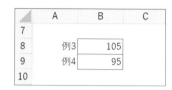

[例3] もしセルB8の値が100より大きいなら、「100より大きいです」とメッセージボックスで出力する

```
Sub example8_1_4c()
    If Range("B8").Value > 100 Then
        MsgBox "100より大きいです"
    End If
End Sub
```

- 条件式「Range("B8").Value > 100」で、セルB8の値は100より大きいかどうかを判定します。
- Trueの場合、「MsgBox "100より大きいです"」が実行されます。

［例4］ もしセルB9の値が100より小さいなら、「100より小さいです」とメッセージボックスで出力する

```
Sub example8_1_4d()
    If Range("B9").Value < 100 Then
        MsgBox "100より小さいです"
    End If
End Sub
```

- 条件式「`Range("B9").Value < 100`」で、セルB9の値は100より小さいかどうかを判定します。
- `True`の場合、「`MsgBox "100より小さいです"`」が実行されます。

③以上、以下を判定

左辺の値が、右辺以上であるか、右辺以下であるかを判定する条件式です。「`<=`」「`>=`」を使用します。

```
左辺 <= 右辺  （左辺は右辺以下である）
左辺 >= 右辺  （左辺は右辺以上である）
```

 「以上」「以下」の場合は、値が等しい場合でも`True`になります。

右の表を用いて、具体的なコード例を紹介します。

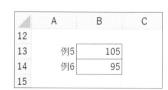

[例5] もしセルB13の値が100以上なら、「100以上です」とメッセージボックスで出力する

```
Sub example8_1_4e()
    If Range("B13").Value >= 100 Then
        MsgBox "100以上です"
    End If
End Sub
```

- 条件式「Range("B13").Value >= 100」で、セルB13の値は100以上かどうかを判定します。
- Trueの場合、「MsgBox "100以上です"」が実行されます。

[例6] もしセルB14の値が100以下なら、「100以下です」とメッセージボックスで出力する

```
Sub example8_1_4f()
    If Range("B14").Value <= 100 Then
        MsgBox "100以下です"
    End If
End Sub
```

- 条件式「Range("B14").Value <= 100」で、セルB13の値は100以上かどうかを判定します。
- Trueの場合、「MsgBox "100以下です"」が実行されます。

④ 文字列パターンを比較して判定

文字列のパターンを比較し、あるパターンに一致するかどうかを判定します。

例えば、「○○という文字列を含むかどうか?」「○○という文字列から始まるかどうか?」といった判定ができます。

> 左辺 Like 文字列パターン

- 式には、「Like」という演算子を使用します。
- 文字列パターンには、「ワイルドカード」と呼ばれる記号(「?」や「*」など)を使用して、文字列のパターンマッチングができます。
- 「?」は任意の1文字の文字列、「*」は文字数を問わない任意の文字列を意味します。

本レッスンでは基本的なパターンを例に紹介します(Like演算子とワイルドカードの使い方についてより詳しい解説は、ダウンロードPDF教材の**補講D:上級編**にて解説しています。ダウンロード元はiiiページ参照)。

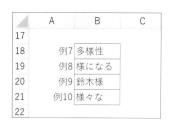

[例7] もしセルB18の値が"様"という文字列を含むなら、メッセージボックスで"様を含んでいます"と出力する

```
Sub example8_1_4g()
    If Range("B18").Value Like "*様*" Then
        MsgBox "様を含んでいます"
    End If
End Sub
```

- 条件式「Range("B18").Value Like "*様*"」で、セルB18の値は"様"という文字列を含んでいるかどうかを判定します。
- 上記は「 Like "*様*" 」という文字列パターンを記述することで、"様"の左右に任

意の文字列がある、つまり"様"を含んだ文字列パターンであることを指しています。

- Trueの場合、「MsgBox "様を含んでいます"」が実行されます。

[例8] もしセルB19の文字列が"様"という文字列から始まるなら、メッセージボックスで"様から始まっています"と出力する

書式

```
Sub example8_1_4h()
    If Range("B19").Value Like "様*" Then
        MsgBox "様から始まっています"
    End If
End Sub
```

- 条件式「Range("B19").Value Like "様*"」で、セルB19の値は"様"という文字列から始まるかどうかを判定します。
- 上記は「 Like "様*" 」という文字列パターンを記述することで、"様"以降に任意の文字列がある、つまり"様"から始まる文字列パターンであることを指しています。

- Trueの場合、「MsgBox "様から始まっています"」が実行
 されます。

[例9] もしセルB20の文字列が"様"で終わるなら、メッセージボックスで"様で終わっ
    ています"と出力する

例

```
Sub example8_1_4i()
    If Range("B20").Value Like "*様" Then
        MsgBox "様で終わっています"
    End If
End Sub
```

- 条件式「Range("B20").Value Like "*様"」で、セルB20の値は"様"という
 文字列で終わっているかどうかを判定します。
- 上記は「Like "*様"」という文字列パターンを記述することで、"様"以前に任意
 の文字列がある、つまり**"様"で終わっている**文字列パターンであることを指しています。

- Trueの場合、「MsgBox "様で終わっています"」が実行され
 ます。

[例10] もしセルB21の値が"様??"という文字列パターン（?には1文字の任意の文字列が入る）なら、メッセージボックスで"様??というパターンです"と出力する

例

```
Sub example8_1_4j()
    If Range("B21").Value Like "様??" Then
        MsgBox "様??というパターンです"
    End If
End Sub
```

- 条件式「Range("B21").Value Like "様??"」で、セルB21の値は**"様??"という文字列パターン**かどうかを判定します。
- 上記は「 Like "様??"」と記述することで、"様"につづいて2文字の任意の文字列があるパターンであることを指しています。

- Trueの場合、「MsgBox "様??というパターンです"」が実行されます。

⑤ 等しくないことを判定

左辺と右辺が等しくないことを判定します。「<>」として、2つの記号を組み合わせて記述します。

書式

```
左辺 <> 右辺
```

170

以下の表を用いて、具体的なコード例を紹介します。

	A	B	C
24			
25	例11	99	
26	例12	Good-bye	
27			

［例11］もしセルB25の値が「100」と等しくないなら、メッセージボックスで "100と等しくない値です " と出力する

例

```
Sub example8_1_4k()
    If Range("B25").Value <> 100 Then
        MsgBox "100と等しくない値です"
    End If
End Sub
```

- 条件式「Range("B25").Value <> 100」で、セルB25の値は**100と一致しない**かどうかを判定します。
- Trueの場合、「MsgBox "100と等しくない値です "」が実行されます。

［例12］もしセルB26の値が "Hello" と一致しないなら、メッセージボックスで "Helloと等しくない値です " と出力する

例

```
Sub example8_1_4l()
    If Range("B26").Value <> "Hello" Then
        MsgBox "Helloと等しくない値です"
    End If
End Sub
```

- 条件式「Range("B26").Value <> "Hello"」で、セルB26の値は **"Hello"と一致しない** かどうかを判定します。
- Trueの場合、「MsgBox "Helloと等しくない値です"」が実行されます。

比較演算子まとめ

If〜End If構文の条件式に使える記号を「比較演算子」といいます。比較演算子には、様々な種類があります。以下に代表的なものをまとめます。

表 8-1-2

比較演算子	意味	使い方の例
=	等しい	左辺 = 右辺
>	左辺は右辺より大きい	左辺 > 右辺
<	左辺は右辺より小さい	左辺 < 右辺
>=	左辺は右辺以上である	左辺 >= 右辺
<=	左辺は右辺以下である	左辺 <= 右辺
Like	文字列パターンと比較	左辺 Like 文字列パターン ※詳しくはダウンロードPDF教材の**補講D：上級編**にて解説します。ダウンロード元はiiiページを参照してください。
<>	等しくない	左辺 <> 右辺
Is	オブジェクトと比較	※初級レベルではないため、本書では割愛します

確認問題

📄 XLSM 教材ファイル「8章レッスン1確認問題.xlsm」を使用します。

	A	B	C	D	E
1	商品コード	商品名	分類	単価	割引対象
2	a00001	Excelデータ分析初級編		4,500	
3	a00002	Wordで役立つビジネス文書術		3,980	
4	a00003	パソコンをウィルスから守る術		3,980	
5	b00004	超速タイピング術		4,500	
6	a00005	PowerPointプレゼン術		4,200	
7	a00006	PowerPointアニメーションマスター		2,480	
8	b00007	はじめからWindows入門		1,980	
9	a00008	初心者脱出のExcel術		2,480	
10	a00009	Excelこれから入門		2,480	
11	b00010	Wi-Fiでつながるインターネット超入門		1,980	
12	a00011	Excelピボットテーブル完全攻略		3,600	
13	a00012	Wordじっくり入門		2,480	

▶ 動画レッスン8-1t

https://excel23.com/
vba-juku/chap8-
lesson1test/

1. もしセルD2の値が4000以上であれば、メッセージボックスで"割引対象です"と出力してください。

2. もしセルD2の値が4000以上であれば、セルE2に"Yes"という文字列を代入してください。

3. For〜Next構文を使って、上記(問題2)と同様の処理を、シートの2行〜最終行まで繰り返してください。

4. もしセルB2のセルの値が"Excel"という文字列を含むなら、セルC2に"Excel教材"という文字列を代入してください。

5. For〜Next構文を使って、上記(問題4)と同様の処理を、シートの2行〜最終行まで繰り返してください。

※模範解答は、371ページに掲載しています。

第8章 ▼ 条件分岐 条件によって処理を変えよう

レッスン**2**
条件分岐の応用（`Else`、`ElseIf`）

xlsm 教材ファイル「8章レッスン2.xlsm」を使用します。　▶ 動画レッスン8-2

https://excel23.com/
vba-juku/chap8-
lesson2/

1.「そうでなければ」…Falseの場合の処理を行う方法

レッスン1では、条件分岐によって、True（真）の場合に特定の処理を行う方法について解説しました。今回はそれに加え、**False（偽）の場合に別の処理を行う方法**を紹介します。

例えば、日常生活において「雨が降っているかどうかによって条件分岐して行動を決める」という例でイメージしてみましょう。

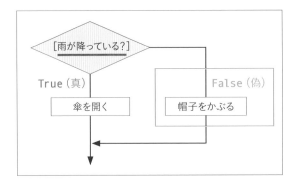

上記のように、雨が降っているなら「傘を開く」、**そうでなければ**「**帽子をかぶる**」といった2つの処理に分岐することができます。

このような条件分岐を行うコードを、**2.**から詳しく解説していきます。

2. 「そうでなければ」の「Else」

1. で説明したような条件分岐をするには、Else ステートメントを使った構文を記述します。

```
If ［条件式］ Then
    Trueの場合の処理
Else
    Falseの場合の処理
End If
```

上記のように、If~End If構文の間に、「Else」と記述し、その後にFalseの場合の処理を記述します。具体的なコードを例に解説していきます。

[例1] 以下の表において、セルB5の値によって2つの処理に分岐します。

条件：セルB5の値が100と等しいかどうか
Trueの場合：セルC5に "Yes" という文字列を代入
Falseの場合：セルC5に "No" という文字列を代入

```
Sub example8_2_2a()
    If Range("B5").Value = 100 Then
        Range("C5").Value = "Yes"
    Else
        Range("C5").Value = "No"
    End If
End Sub
```

- 赤線が条件式、青線がTrueの場合の処理、緑線がFalseの場合の処理です。
- セルB5の値は「105」であり、条件に一致しないため、セルC5には "No" が代入されます。

 ためしに、セルB5の値を100に変更してからマクロを実行し直してみましょう。その結果、セルC5には "Yes" が代入されることになります。

[例2] 以下の表において、セルB10の値によって2つの処理に分岐します。

条件：セルB10の値が80以上かどうか
Trueの場合：セルC10に **"Yes"** という文字列を代入
Falseの場合：セルC10に **"No"** という文字列を代入

例

```
Sub example8_2_2b()
    If Range("B10").Value >= 80 Then
        Range("C10").Value = "Yes"
    Else
        Range("C10").Value = "No"
    End If
End Sub
```

- 赤線が条件式、青線がTrueの場合の処理、緑線がFalseの場合の処理です。
- セルB10の値は「75」であり、条件に一致しないため、セルC10には"No"が代入されます。

 ためしに、セルB10の値を80以上の値に変更してからマクロを実行し直してみましょう。その結果、セルC10には "Yes" が代入されることになります。

3. 「そうでなければ もし」…さらに条件分岐する方法

つづいて、1つ目の条件がFalseだった場合、さらに2つ目の条件で分岐する方法について解説します。

例えば、日常生活において「雨が降っているかどうか？（そうでなければ）日差しが強いかどうか？」という2つの条件分岐を行うケースでイメージしてみましょう。

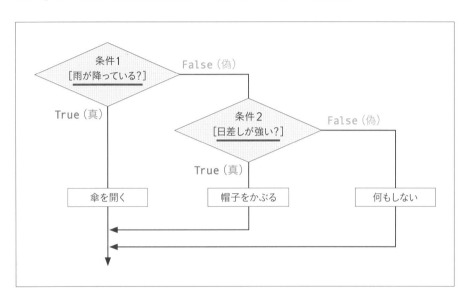

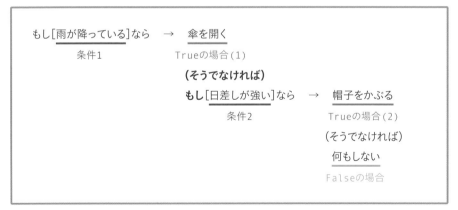

上記のように、まず条件1で分岐し、TrueならばTrueの場合の処理（1）を行います。**そうでなければ**条件2でさらに分岐し、Trueの場合の処理（2）とFalseの場合の処理に切り替えることができます。

このような条件分岐を行うコードを、**4.**から詳しく解説していきます。

4.「そうでなければ もし」の「ElseIf」

3.で説明したような条件分岐をするにはElseIfステートメントを使った構文を記述します。

```
If ［条件式1］ Then
        Trueの場合の処理(1)
ElseIf ［条件式2］ Then
        Trueの場合の処理(2)
Else
        Falseの場合の処理
End If
```

- 上記のように、「ElseIf ［条件式2］ Then」と記述することで、2つ目の条件分岐をすることができます。

「ElseIf」と記述するとき、「Else」と「If」の間にスペースは不要です。間違えてスペースを入れて記述してしまうケースがよくあるので気をつけましょう。

上記の「Else」とFalseの場合の処理は省略することができます。ただし、省略した場合、Falseの場合には何も処理されないことになります。注意しましょう。

上記の構文の「Else」の代わりに「ElseIf ［条件式］ Then…」と続けて記述すれば、さらに3つ目以降の条件式も増やすことができます。

では、具体的なコード例を用いて紹介します。

[例] 以下の表において、セル B15 の値によって "A 判定 "、"B 判定 "、"C 判定 " という結果を代入します。

- もしセル B15 の値が 80 以上なら "A 判定 " という文字列をセル C15 に代入する。
- そうでなければもしセル B15 の値が 50 以上なら "B 判定 " という文字列をセル C15 に代入する。
- そうでなければ、"C 判定 " という文字列をセル C15 に代入する。

例

```
Sub example8_2_4()
    If Range("B15").Value >= 80 Then        '条件式1
        Range("C15").Value = "A判定"
    ElseIf Range("B15").Value >= 50 Then    '条件式2
        Range("C15").Value = "B判定"
    Else
        Range("C15").Value = "C判定"
    End If
End Sub
```

- セル B15 の値は「60」であり、条件式 1 の結果は False ですが、条件式 2 の結果は True であるため、セル C15 には "B 判定 " という文字列が代入されます。

ためしに、セル B15 の値を 80 以上の値に変更してからマクロを実行し直してみましょう。その結果、セル C15 には "A 判定 " が代入されることになります。同様に、セル B15 の値を 50 より小さい値に変更してからマクロを実行し直せば "C 判定 " となります。

確認問題

教材ファイル「8章レッスン2確認問題.xlsm」を使用します。

	A	B	C	D	E
1	商品コード	商品名	分類	単価	割引対象
2	a00001	Excelデータ分析初級編		4,500	
3	a00002	Wordで役立つビジネス文書術		3,980	
4	a00003	パソコンをウィルスから守る術		3,980	
5	b00004	超速タイピング術		4,500	
6	a00005	PowerPointプレゼン術		4,200	
7	a00006	PowerPointアニメーションマスター		2,480	
8	b00007	はじめからWindows入門		1,980	
9	a00008	初心者脱出のExcel術		2,480	
10	a00009	Excelこれから入門		2,480	
11	b00010	Wi-Fiでつながるインターネット超入門		1,980	
12	a00011	Excelピボットテーブル完全攻略		3,600	
13	a00012	Wordじっくり入門		2,480	

▶ 動画レッスン8-2t

https://excel23.com/
vba-juku/chap8-
lesson2test/

1. もしセルD2の値が4000以上であればメッセージボックスで"割引対象です"と出力し、そうでなければ"割引対象外です"と出力してください。

2. もしセルD2の値が4000以上であれば、セルE2に"Yes"という文字列を代入し、そうでなければセルE2に"No"という文字列を代入してください。

3. For〜Next構文を使って、上記(問題2)と同様の処理を、シートの2行〜最終行まで繰り返してください。

4. 以下のように条件分岐を用いてコードを記述してください。

   - もしセルB2の値が"Excel"という文字列を含むならセルC2に"Excel教材"という文字列を代入する。

   - それでなければもしセルB2の値が"Word"という文字列を含むならセルC2に"Word教材"という文字列を代入する。

   - 上記のいずれでもない場合、セルC2に"その他教材"という文字列を代入する。

5. For〜Next構文を使って、上記(問題4)と同様の処理を、シートの2行〜最終行まで繰り返してください。

※模範解答は、372ページに掲載しています。

第9章

VBA関数

便利な組み込みの関数を
利用しよう

おや？ セル男くん……このデータ、ちょっと変じゃない？

 何がッスか？ ……あ！ ホントだ！

・[氏名]の同じデータに間違った表記が混在している
・[商品コード]に全角と半角が混在している

鈴木太郎と鈴本太郎（タイプミス）が混在

全角と半角の表記が混在

	B	C	D	E	F	G	H	I	J
1	日付	氏名	商品コード	商品名	商品分類	単価	数量	金額	送料
2	2021/1/2	小林アキラ	ａ０００１	Wordで役:	Word教材	3,980	2	7,960	0
3	2021/1/10	小林アキラ	a00002	Excelデー	Excel教材	4,500	2	9,000	0
4	2021/1/18	鈴木太郎	a00003	パソコンを	パソコン教	3,980	1	3,980	0
5	2021/1/26	若山佐一	a00001	Wordで役:	Word教材	3,980	1	3,980	0
6	2021/2/3	鈴本太郎	a00004	超速タイヒ	パソコン教	4,500	1	4,500	0
7	2021/2/11	水戸陽太	ａ０００５	PowerPoir	PowerPoir	4,200	1	4,200	0
8	2021/2/19	相川なつこ	a00006	PowerPoir	PowerPoir	2,480	2	4,960	0

 このように、同じデータでも異なる表記が混在してしまっていることを「表記ゆれ」と言うね。こうしたデータは、後々になってデータ抽出や集計をする際に、正しい結果が得られない原因になることが多いんだ。

 うわぁ……誰ッスか？ こんなデータ入力した人は!?（あ、ボクだった）
どうしよう、1つ1つ直すのは大変ッスねぇ…。

 大丈夫！ こうした修正作業もマクロで自動化できるよ！
今回のようなケースでは、「VBA関数」が役に立つね！

 「VBA関数」、ッスか？

VBA関数とは、ある決まった計算や処理を行う、マクロの部品のようなものなんだ。
VBA関数を利用すれば、今回のように文字列の操作だけじゃなく、様々なシーンでデータを処理してくれる。それでは、学んでみよう!

★☆☆

レッスン **1**
VBA関数 入門（Replace、StrConv）

XLSm 教材ファイル「9章レッスン1.xlsm」を使用します。　▶ 動画レッスン9-1

https://excel23.com/
vba-juku/chap9-
lesson1/

1. VBA関数でできること

「VBA関数」を利用すると、例えば以下のようなことができます。

- 商品コードの一覧で、全角の文字列をすべて半角に変換する（StrConv関数）。

- 商品名の一覧で、ある文字列Aをすべて文字列Bに置換する（Replace関数）。

- 日付データから年、月、日だけを抜き出してセルに転記したり計算に利用する（Year、Month、Day関数）。

VBA関数を使えば、上記のような処理も、簡潔なコードで行うことができます。

2. VBA関数とは？

- VBAで利用できる関数
- 決まった計算や処理を行う
- 100以上の種類がある

「VBA関数」とは、決まった計算や処理を行う、マクロの部品のようなものです。

VBA関数は、簡潔なコードで利用できるため、大変便利です。例えば、本書でこれまで扱っている「MsgBox関数」も、VBA関数の1つです。

「関数」といえば、Excelのシート上で使える関数を思い浮かべる方も多いでしょう。例えば合計を計算するSUM関数、平均を求めるAVERAGE関数などがあります。

そのような関数もありますが、Excelには**VBAだけで利用できる関数**があります。そのような関数を「VBA関数」と呼びます。

以下に、VBA関数とワークシート関数の具体例と特徴を比較します。

表9-1-1

種類	具体例	特徴
VBA関数	MsgBox、Replace、StrConvなど	VBAだけで利用できる (ワークシートでは使えない)
ワークシート関数	SUM、SUMIF、VLOOKUPなど	ワークシートで利用できる VBAで利用する方法もある (本書では割愛します)

3. VBA関数のイメージ

① 引数 (不要の場合もある)

② 処理や計算

VBA関数

③ 戻り値 (不要の場合もある)

①VBA関数を利用する際は、材料となるデータを一緒に渡します。これを「**引数**」といいます（VBA関数の種類によっては、**引数が不要**のものもあります）。

②VBA関数は、引数を受け取って、処理や計算をします。

③VBA関数は、計算結果や処理結果を返します。これを「**戻り値**」といいます（VBA関数の種類によっては、**戻り値がない**ものもあります）。

> 「引数」という言葉は、過去の章でもいくつか登場しました。
> 第3章では、「`MsgBox "こんにちは"`」といった書式を紹介しましたが、この場合、"こんにちは" が引数に当たります。
> 第4章では、「`Range("A1")`」といった書式を紹介しましたが、この場合、"A1" が引数に当たります。
> 以上のように、VBAにおいて「引数」は、様々なシーンで登場します。
> **引数とは、ある処理の材料になる付加データのようなものだ**と言えます。

4. VBA関数を利用するコードの書き方

- 戻り値がない ➡ 引数に ( ) が不要
- 戻り値がある ➡ 引数に ( ) が必要

VBA関数を利用するコードを書く場合、**書式は2通りあります。**
ポイントは、「引数を ( ) で囲うか、囲わないか」です。
戻り値がないVBA関数の場合は、引数を ( ) で囲わずにそのまま書きます。
戻り値のあるVBA関数の場合は、引数を ( ) で囲って書く必要があります。
多くのVBAの関数は、後者に当たります。

表9-1-2

戻り値	コードの書き方	例
ない	関数名 引数 ( )を書かない	MsgBox関数 （メッセージのみ出力する場合）
ある	関数名(引数) ( )を書く	Replace、StrConv、Year、Month、Day…

次に、具体的なVBA関数の事例を紹介していきます。

5. Replace関数（文字列の置換）

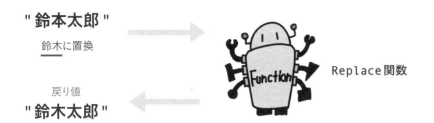

"鈴本太郎"

鈴木に置換

戻り値

"鈴木太郎"

Replace関数

Replace関数は、ある対象のうち、文字列Aを文字列Bに置換して返す関数です。

書式

Replace(対象, 検索文字列, 置換文字列)

- ▶ **第1引数**…対象の文字列を指定します。
- ▶ **第2引数**…対象のうち、検索したい文字列を指定します。
- ▶ **第3引数**…第2引数の文字列を置換する文字列を指定します。

［正式な引数名］

Replace(expression,find,replace)

例えば、"鈴本太郎"という文字列があるとします。この文字列のうち、「鈴本」という文字列を「鈴木」という文字列に置換したい場合、次のようにReplace関数を記述します。

例

Replace("鈴本太郎","鈴本","鈴木")
　　　　　対象　　検索文字列　置換文字列

上記のコード例は、"鈴本太郎"という文字列のうち、"鈴本"を"鈴木"に置換するという意味になります。このように、Replace関数を使用すると、文字列の一部を置換することができます。

ただし、Replace関数は、[例]のように**関数だけを記述しても、処理を実行できません。**
Replace関数は「戻り値」を返すため、その戻り値を**セルに代入したり、メッセージボックスで出力するなどの処理と一緒に記述する必要があります。** 次の **6.** で具体例を見ていきましょう。

6. Replace関数の具体例

以下に、Replace関数を利用する具体的なコード例を紹介します。

[例1] "鈴本太郎"という文字列のうち、"鈴本"を"鈴木"に置換する。その結果を
　　　MsgBoxで出力する

例

```
Sub example9_1_6a()
    MsgBox Replace("鈴本太郎", "鈴本", "鈴木")
End Sub
```

● Replace関数により、"鈴本太郎"という対象において、"鈴本"という文字列を
　"鈴木"に置換します。
● 上記の結果をメッセージボックスで出力します。

[例2] セルA1の値のうち、"鈴本"を"鈴木"に置換し、その結果をMsgBoxで出力
　　　する

例

```
Sub example9_1_6b()
    MsgBox Replace(Range("A1").Value, "鈴本", "鈴木")
End Sub
```

- Replace関数の第1引数に「Range("A1").Value」と記述することで、セルA1の値を取得し、"鈴本"という文字列を"鈴木"に置換します。
- 上記の結果をメッセージボックスで出力します。

[例3] セルA1の値のうち、"鈴本"を"鈴木"に置換し、その結果をセルC1に代入する

例

```
Sub example9_1_6c()
    Range("C1").Value = Replace(Range("A1").Value, _改行
                                "鈴本", "鈴木")
End Sub
```

- [例2]の応用です。左辺に「Range("C1").Value」と記述することで、Replace関数の戻り値をセルC1の値に代入しています。

	A	B	C
1	鈴本太郎		鈴木太郎
2			

7. Replace関数の実用ケース

Replace関数の実用ケースを紹介します。

以下のような商品注文一覧表において、商品名のうち「**ワード**」という文字列を「Word」**に置換する**コードの例です。

	A	B	C	D	E	F	G
2							
3		氏名	商品コード	商品名	商品分類	単価	数量
4		相川 なつこ	a00001	ワードで役立つビジネス文書術	Word教材	3,980	2
5		篠原 哲雄	a00001	ワードで役立つビジネス文書術	Word教材	3,980	1
6		山田 大地	a00001	ワードで役立つビジネス文書術	Word教材	3,980	1
7		若山 佐一	a00012	ワードじっくり入門	Word教材	2,480	2
8		山田 大地	a00001	ワードで役立つビジネス文書術	Word教材	3,980	1
9							

まずは、1つ目の商品名において置換を行うコード例です。

[例1] セルD4の値のうち、"ワード"を"Word"に置換し、その結果をセルD4に代入する

```
Sub example9_1_7a()
    Cells(4, "D").Value = _ 改行
        Replace(Cells(4, "D").Value, "ワード", "Word")
End Sub
```

- Replace関数によってセルD4の文字列を置換し、その結果をセルD4に代入しています。
- 上記のように、同じセルに再び代入することを「再代入」といいます。

> なお、セルの指定を「Range」ではなく「Cells」で記述している理由は、次の[例2]で繰り返し(For～Next構文)を利用しやすいようにするためです。

続いて、「**繰り返し**」を用いて、**すべての商品名において文字列の置換を行う**コード例です。

[例2] 上記[例1]と同じ処理を、For〜Next構文を使って、シートの4行目から8行目まで繰り返す

```
Sub example9_1_7b()

    Dim i As Long
    For i = 4 To 8
        Cells(i, "D").Value = _改行
            Replace(Cells(i, "D").Value, "ワード", "Word")
    Next i

End Sub
```

● For〜Next構文で「For i = 4 To 8」とすることで、変数iの値は開始値「4」から終了値「8」まで1ずつ変化していきます。よって、シートの4行目から8行目まで1行ずつ順番に繰り返し処理されます。

補足

スペースを一括削除する、Replace関数の実用例

実務でよくあるReplace関数の使い方として、スペースを削除するという使い方があります。

例えば、以下のケースを考えてみましょう。

	A	B	C	D	E	F	G
2							
3		氏名	商品コード	商品名	商品分類	単価	数量
4		相川 なつこ	a00001	ワードで役立つビジネス文書術	Word教材	3,980	2
5		篠原 哲雄	a00001	ワードで役立つビジネス文書術	Word教材	3,980	1
6		山田 大地	a00001	ワードで役立つビジネス文書術	Word教材	3,980	1
7		若山 佐一	a00012	ワードじっくり入門	Word教材	2,480	2
8		山田 大地	a00001	ワードで役立つビジネス文書術	Word教材	3,980	1
9							

● セルB4に「相川 なつこ」という半角スペースが入った文字列がある。

● この半角スペースを削除して、セルB4に再代入する。

このような場合は、Replace関数を利用することで半角スペースを削除できます。

```
Sub example9_1_7補足()
    Range("B4").Value = _改行
        Replace(Range("B4").Value, " ", "")
End Sub
```

- Replace関数の第2引数で" "（半角スペース）を指定し、第3引数で""（空白の文字列）を指定することで、半角スペースを空白の文字列に置換することになります。
- 上記の結果、**半角スペースが削除された値**が返されます。
- 同様に、"　"（全角スペース）を""（空白の文字列）に置換して削除することもできます。

8. StrConv関数（文字種の変更）

"ＡＢ－１２３"
全角

半角に変更 ➡ Function StrConv関数

戻り値
"AB-123" ⬅

StrConv関数は、指定した文字列の「文字種」を変更して返します。
「文字種」とは、文字の種類を意味します。
例えば、
- ひらがな/カタカナ
- 英字の大文字/小文字
- カタカナの全角/半角
といった種類の文字種があります。

StrConv関数を使用すると、これらの文字種を変更することができます。

StrConv(文字列, 文字種)

▸ **第1引数**…対象とする文字列を指定します。
▸ **第2引数**…文字種を指定します。

[正式な引数名]

StrConv(string, conversion)

文字種は、「定数」を使って指定できます。

例えば、定数「**vbUpperCase**」を入力すると、**大文字**に変更するという意味になります。

「定数」とは、変数のように、値を代入して名前(定数名)を付けられるものです。

変数と似ていますが、定数は一度値を決めたら後で変更できません。

また、VBAにあらかじめ用意されている定数もあります。今回の場合は、それを利用します。

以下に、定数と文字種の対応関係の一覧を紹介します。

表 9-1-3

定数名	値	説明
vbUpperCase	1	文字列を**大文字**に変換
vbLowerCase	2	文字列を**小文字**に変換
vbProperCase	3	文字列の各単語の**先頭の文字を大文字**に変換
vbWide	4	文字列内の半角文字を**全角文字**に変換
vbNarrow	8	文字列内の全角文字を**半角文字**に変換
vbKatakana	16	文字列内のひらがなを**カタカナ**に変換
vbHiragana	32	文字列内のカタカナを**ひらがな**に変換

定数の代わりに数値で「1」などと直接入力することも可能です。しかし、それらの数値を

1つ1つ暗記するのは大変ですし、定数を使用した方が意味が分かりやすいため、定数を使用するのが一般的といえます。

［例］"ＡＢー１２３"という文字列の文字種を半角に変更するコード

例

```
StrConv("AB-123", vbNarrow)
          文字列        半角に変換
```

- 第1引数で指定した文字列「"ＡＢー１２３"」について、第2引数で「vbNarrow」と指定することで、全角を半角に変換します。

ただし、Replace関数と同様で、関数だけを入力しても何も起こりません。StrConv関数は「戻り値」を返すため、その戻り値を**セルに代入したり、メッセージボックスで出力するなどの処理と一緒に記述する必要があります**。次の**9.**で具体例を見ていきましょう。

9. StrConv関数の具体例

以下に、StrConv関数を利用する具体的なコード例を紹介します。

［例1］文字列"ＡＢー１２３"の文字種を半角に変更し、その結果をMsgBoxで出力する

例

```
Sub example9_1_9a()
    MsgBox StrConv("AB-123", vbNarrow)
End Sub
```

- 第1引数で指定した文字列「"ＡＢー１２３"」について、第2引数で「vbNarrow」と指定することで、全角を半角に変換します。
- 上記の結果をメッセージボックスで出力します。

［例2］セルA11の値の文字種を半角に変更する。その結果をMsgBoxで出力する

例

```
Sub example9_1_9b()
    MsgBox StrConv(Range("A11").Value, vbNarrow)
End Sub
```

- 第1引数を「Range("A11").Value」とすることで、セルA1
  の値を取得しています。
- 第2引数を「vbNarrow」とすることで、全角を半角に変換します。
- 上記の結果をメッセージボックスで出力します。

［例3］セルA11の値の文字種を半角に変更し、その結果をセルC11に代入する

例

```
Sub example9_1_9c()
    Range("C11").Value = StrConv(Range("A11").Value, vbNarrow)
End Sub
```

- 左辺に「Range("C11").Value」と記述することで、StrConv関数の戻り値をセ
  ルC11に代入しています。
- 上記の結果、セルC11には「AB-123」という
  文字列が代入されます。

10. StrConv 関数の実用ケース

StrConv 関数の実用ケースを紹介します。

以下の表では、[商品コード] 列において**全角文字と半角文字が混在**しています。このようなデータを**半角に統一する**コードを紹介します。

	A	B	C	D	E	F	G	H
12								
13		氏名	商品コード	商品名	商品分類	単価	数量	
14		相川 なつこ	ａ０００１	ワードで役立つビジネス文書術	Word教材	3,980	2	
15		長坂 美代子	a00002	Excelデータ分析初級編	Excel教材	4,500	2	
16		長坂 美代子	ａ00003	パソコンをウィルスから守る術	パソコン教材	3,980	1	
17		篠原 哲雄	a00001	ワードで役立つビジネス文書術	Word教材	3,980	1	
18		布 施寛	a0000４	超速タイピング術	パソコン教材	4,500	1	
19		布 施寛	a00005	PowerPointプレゼン術	PowerPoint	4,200	1	
20		水戸 陽太	a00006	PowerPointアニメーションマスター	PowerPoint	2,480	2	
21		水戸 陽太	a00007	はじめからWindows入門	パソコン教材	1,980	2	
22		山田 大地	ａ０００８	初心者脱出のExcel術	Excel教材	2,480	1	
23		山田 大地	a00003	パソコンをウィルスから守る術	パソコン教材	3,980	1	
24								

まずは、1つ目の商品コードにおいて文字種の変更を行うコード例です。

[例1] セル C14 の値の文字種を半角に変更する。その結果をセル C14 に再代入する

例

```
Sub example9_1_10a()
    Cells(14, "C").Value = _改行
        StrConv(Cells(14, "C").Value, vbNarrow)
End Sub
```

- StrConv 関数によってセル C14 の値の文字種を変更し、その結果をセル C14 に再代入しています。

なお、セルの指定を「Range」ではなく「Cells」で記述している理由は、次の[例2]で繰り返し(For〜Next構文)を利用しやすいようにするためです。

続いて、**「繰り返し」を用いて**、すべての商品コードにおいて文字種の変更を行うコード例です。

[例2] 上記［例1］と同じ処理を、For～Next構文を使って、シートの14行目から最終行まで繰り返す

例

```
Sub example9_1_10b()

    '最終行を取得
    Dim maxRow As Long
    maxRow = Cells(Rows.Count, 2).End(xlUp).Row

    '繰り返し
    Dim i As Long
    For i = 14 To maxRow
        Cells(i, "C").Value = _ 改行
            StrConv(Cells(i, "C").Value, vbNarrow)
    Next i

End Sub
```

- まず、B列の最終行を取得し、変数maxRowに代入しています。
- For～Next構文で「For i = 14 To maxRow」とすることで、変数 i の値は開始値「14」から終了値「maxRow」まで1ずつ変化していきます。
- 上記によって、シートの14行目から1行ずつ最終行まで繰り返し処理されます。

	A	B	C	D	E	F	G
12							
13		氏名	商品コード	商品名	商品分類	単価	数量
14		相川 なつこ	a00001	ワードで役立つビジネス文書術	Word教材	3,980	2
15		長坂 美代子	a00002	Excelデータ分析初級編	Excel教材	4,500	2
16		長坂 美代子	a00003	パソコンをウィルスから守る術	パソコン教材	3,980	1
17		篠原 哲雄	a00001	ワードで役立つビジネス文書術	Word教材	3,980	1
18		布 施寛	a00004	超速タイピング術	パソコン教材	4,500	1
19		布 施寛	a00005	PowerPointプレゼン術	PowerPoint	4,200	1
20		水戸 陽太	a00006	PowerPointアニメーションマスター	PowerPoint	2,480	2
21		水戸 陽太	a00007	はじめからWindows入門	パソコン教材	1,980	2
22		山田 大地	a00008	初心者脱出のExcel術	Excel教材	2,480	1
23		山田 大地	a00003	パソコンをウィルスから守る術	パソコン教材	3,980	1
24							

確認問題

📄 教材ファイル「9章レッスン1確認問題.xlsm」を使用します。

	A	B	C			D	E	F
1	番号	物件名	所在地			価格(万円)	沿線・駅	間取り
2	1	南品川スイートホーム	東京都	品川区	南品川　x	4480万円	JR京浜東北線「大井町」徒歩12分	2ldk+s
3	2	旗の台グランドステージ	東京都	品川区	旗の台　xx	4480万円	東急大井町線「旗の台」徒歩5分	1LDK+S
4	3	西品川ゴールドハウス	東京都	品川区	西品川　x-xx-xx	4590万円	東急大井町線「下神明」徒歩5分	3dk
5	4	東大井プレミアハウス	東京都	品川区	東大井　xxx	4220万円	JR京浜東北線「大井町」徒歩5分	2LDK+S
6	5	小山ネクストハウス	東京都	品川区	小山　xxx	6700万円	東急目黒線「洗足」徒歩5分	3LDK
7	6	東大井リトルプレイス	東京都	品川区	東大井　xxx	5380万円	JR京浜東北線「大井町」徒歩9分	4ldk
8	7	東大井ガーデンコート	東京都	品川区	東大井　xx	5980万円	京急本線「立会川」徒歩8分	1LDK+2S
9	8	五反田の新築一戸建て	東京都	品川区	西五反田　x	5980万円	JR山手線「五反田」徒歩14分	3LDK
10	9	大井グレートアクセス	東京都	品川区	大井　x	5020万円	JR京浜東北線「大森」徒歩11分	2ldk+s
11	10	旗の台セカンドステージ	東京都	品川区	旗の台　xx	5740万円	東急大井町線「北千束」徒歩5分	3LDK

1. セルB2の値の文字種を全角カタカナに変更し、その結果をセルB2に代入し直してください。

2. セルC2の値のうち全角スペースを半角スペースに置換し、その結果をセルC2に代入し直してください。

3. セルD2の値のうち"万円"を削除し、その結果をセルD2に代入し直してください。

4. セルF2の値の文字種を大文字に変換し、その結果をセルF2に代入し直してください。

5. 上記の問題1.～4.のコードを、1つのプロシージャ内に記述してください。

6. 上記の問題5.と同様の処理を、シートの2行目から最終行まで繰り返してください。

▶ 動画レッスン9-1t

https://excel23.com/
vba-juku/chap9-
lesson1test/

第**9**章 ∨ VBA関数 便利な組み込みの関数を利用しよう

※模範解答は、373ページに掲載しています。

★★☆

レッスン **2**
文字列操作のVBA関数（Left、Right、Mid）

🗐 教材ファイル「9章レッスン2.xlsm」を使用します。　　▶ 動画レッスン9-2

https://excel23.com/
vba-juku/chap9-
lesson2/

1. 文字列操作のVBA関数

ここでは、**文字列を操作するVBA関数**を紹介します。それらを利用すると、文字列を加工して望んだ形に変えることができます。例えば、以下のようなことも可能です。

- 「abcde-98765-vwxyz」のような製品コードを、「abcde」「98765」「vwxyz」に分けて別々のセルに転記する（Left、Right、Mid関数）
- 全角で入力された文字列を半角に変換する（StrConv関数）
- 文字列中の半角スペースを削除する（Replace関数）

レッスン1で学習したReplace関数とStrConv関数も、文字列を操作するVBA関数に含まれます。以下は、本書で解説する文字列操作のVBA関数の一覧です。

表9-2-1

関数名	難易度	説明	レッスン
Replace	★☆☆	文字列の一部を置換して返す	**第9章レッスン1**で学習済み
StrConv	★☆☆	文字列の文字種を変更して返す	〃
Left	★★☆	文字列の先頭から○文字を返す	本レッスンで学習
Right	★★☆	文字列の末尾から○文字を返す	〃
Mid	★★☆	文字列の任意の位置から○文字を返す	〃
Format	★★★	文字列の書式を変更して返す	第12章レッスン4で解説　詳しくはPDFダウンロード教材の**補講D**で解説（ダウンロード元はⅲページ参照）
InStr	★★★	文字列のうち特定の文字列は何文字目にあるかを返す	PDFダウンロード教材の**補講D**で解説（ダウンロード元はⅲページ参照）

本レッスンではLeft、Right、Mid関数を解説します。

2. イメージでつかむ、Left、Right、Mid 関数

Left、Right、Mid関数の3つはよく似ているので、まとめて紹介します。いずれも、文字列からその一部を抜き出すことができる関数です。

表9-2-2

関数名	機能
Left関数	文字列の**先頭**から○文字を返す
Right関数	文字列の**末尾**から○文字を返す
Mid関数	文字列の**任意の位置**から○文字を返す

Left、Right、Mid関数を使えば、例えば、以下のようなシートにおいて
- セルD2の製品コード「abcde-98765-vwxyz」を
- 「abcde」「98765」「vwxyz」という3つに分けて別々のセルに転記する
といった処理を行うことができます。

3. Left 関数の使い方

Left 関数は、文字列の**先頭**から何文字かを抜き出して返す関数です。

書式

Left(文字列, 長さ)

▶ 第1引数…対象とする文字列を指定します。
▶ 第2引数…抜き出す文字数を指定します。

[正式な引数名]

Left(string, length)

[例] "abcde-98765-vwxyz" という文字列のうち、先頭5文字を抜き出すコード

例

Left("abcde-98765-vwxyz", 5)
　　　　　文字列　　　　　　　長さ

---

4. Left 関数を使ってみよう

以下のシートにおいて、セル D2 にある製品コードから**先頭5文字を抜き出し**、セル B6 に転記するコードを解説します。

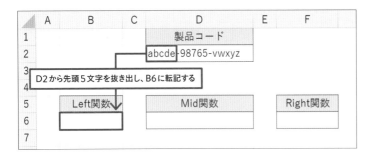

[例] セルD2の文字列の、先頭5文字を取得する。その結果をセルB6に代入する

例

```
Sub example9_2_4()
    Range("B6").Value = Left(Range("D2").Value, 5)
End Sub
```

- セルD2の値を取得し、Left関数で先頭5文字を抜き出し、その結果をセルB6に代入しています。

5. Right関数の使い方

Right関数は、文字列の**末尾**から何文字かを抜き出して返す関数です。

書式

```
Right(文字列,長さ)
```

- ▶ 第1引数…対象とする文字列を指定します。
- ▶ 第2引数…抜き出す文字数を指定します。

[正式な引数名]

```
Right(string, length)
```

[例] "abcde-98765-vwxyz" という文字列のうち、末尾5文字を抜き出すコード

例

```
Right("abcde-98765-vwxyz", 5)
```
　　　　　　文字列　　　　　長さ

6. Right 関数を使ってみよう

以下のシートにおいて、セルD2にある製品コードから**末尾の5文字**を抜き出し、セルF6に転記するコードを解説します。

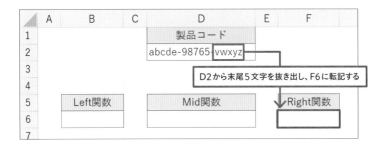

［例］セルD2の文字列の、末尾5文字を取得する。その結果をセルB6に代入する

```
Sub example9_2_6()
    Range("F6").Value = Right(Range("D2").Value, 5)
End Sub
```

- セルD2の値を取得し、Right関数で末尾5文字を抜き出し、その結果をセルF6に代入しています。

7. Mid 関数の使い方

Mid関数は、文字列の開始位置から何文字かを抜き出すことができます。
先述の2つ（Left関数とRight関数）よりも引数の数が多く、記述方法もやや異なるので気をつけましょう。

```
Mid(文字列,開始位置,[長さ])
```

▶ []は省略可能

- **第1引数**は、対象とする文字列を指定します。
- **第2引数**は、左から何文字目を開始位置とするかを数値で指定します。

202

- 第3引数は、抜き出す文字数を指定します。第3引数を省略した場合は、文字列の末尾まで抜き出すことになります。

［正式な引数名］

```
Mid(string, start, [length])
```

[例] "abcde-98765-vwxyz"という文字列のうち、7文字目を開始位置とし、5文字分の長さを抜き出すコード

開始位置（7文字目）

"abcde-98765-vwxyz"

→ 長さ（5文字）

例

```
Mid("abcde-98765-vwxyz", 7, 5)
```
　　　　　文字列　　　　　開始位置　長さ

- 開始位置を「7」で、長さを「5」と記述しているため、"abcde-98765-vwxyz"という文字列のうち、7文字目を開始位置とし、5文字を抜き出して返します。
- 結果として、"98765"という文字列が返されます。

8. Mid関数を使ってみよう

以下のシートにおいて、セルD2にある製品コードから「98765」という文字列を抜き出し、セルD6に転記するコードを解説します。

[例] セルD2の文字列の7文字目を開始位置とし、5文字を抜き出す。その結果をセル
　　D6に代入する

例

```
Sub example9_2_8()
    Range("D6").Value = Mid(Range("D2").Value, 7, 5)
End Sub
```

● セルD2の値を取得し、Mid関数で文字列を抜き出し、その結果をセルD6に代入して
います。

9. Left、Right、Mid関数の実用ケース

Left、Right、Mid関数の実用ケースを紹介します。

以下の表は、［製品コード］列に「5桁-5桁-5桁」形式の文字列が記録されています。
Left、Right、Mid関数を利用して、例えば「HRJHF-92926-RSLSF」という製品
コードから、「HRJHF」「92926」「RSLSF」という文字列をそれぞれ抜き出し、I、J、K列
に転記するというケースを紹介します。

	G	H	I	J	K
1					
2		製品コード	分類コード(上5桁)	品番コード(中5桁)	個体コード(下5桁)
3		HRJHF-92926-RSLSF			
4		WXIHE-79888-EFTVN			
5		QLMOU-83907-QHLGD			
6		TSSGT-07131-LWARG			
7		LBOTK-32632-LDNTG			
8		KEPVE-51116-VDVIV			
9		ELLXX-05107-BKGRB			
10		IQXFQ-38308-RFCGS			

まずは最初の1つ目の製品コードだけを処理するコード例です。

[例1] セルH3の文字列をもとに、以下の処理をする。
● 先頭5文字を取得し、セルI3に代入する
● 先頭7文字目から始まる5文字を取得し、セルJ3に代入する
● 末尾5文字を取得し、セルK3に代入する

例

```
Sub example9_2_9a()

    '変数に代入
    Dim str As String
    str = Cells(3, "H").Value

    '文字列を抜き出して転記
    Cells(3, "I").Value = Left(str, 5)
    Cells(3, "J").Value = Mid(str, 7, 5)
    Cells(3, "K").Value = Right(str, 5)

End Sub
```

- まず、変数「str」（String型）を宣言し、セルH3の値を代入しています。
- 次に、Left、Mid、Right関数それぞれにおいて「str」を引数に指定し、文字列を抜き出しています。
- 上記の結果を、それぞれセルI3、J3、K3に代入しています。

[例2] 上記［例1］と同様の処理を、For〜Next構文を使って、シートの3行目から
　　　最終行まで実行する

例

```
Sub example9_2_9b()

    '最終行を取得
    Dim maxRow As Long
    maxRow = Cells(Rows.Count, "H").End(xlUp).Row
```

```
    '繰り返す
    Dim str As String
    Dim i As Long
    For i = 3 To maxRow
        str = Cells(i, "H").Value
        Cells(i, "I").Value = Left(str, 5)
        Cells(i, "J").Value = Mid(str, 7, 5)
        Cells(i, "K").Value = Right(str, 5)
    Next i

End Sub
```

- 変数maxRowを宣言し、H列の最終行を代入しています。
- For〜Next構文で「For i = 3 To maxRow」とすることで、変数iの値は開始値「3」から終了値「maxRow」まで1ずつ変化していきます。
- 上記によって、シートの3行目から最終行まで繰り返し処理されます。

	G	H	I	J	K
1					
2		製品コード	分類コード(上5桁)	品番コード(中5桁)	個体コード(下5桁)
3		HRJHF-92926-RSLSF	HRJHF	92926	RSLSF
4		WXIHE-79888-EFTVN	WXIHE	79888	EFTVN
5		QLMOU-83907-QHLGD	QLMOU	83907	QHLGD
6		TSSGT-07131-LWARG	TSSGT	07131	LWARG
7		LBOTK-32632-LDNTG	LBOTK	32632	LDNTG
8		KEPVE-51116-VDVIV	KEPVE	51116	VDVIV
9		ELLXX-05107-BKGRB	ELLXX	05107	BKGRB
10		IQXFQ-38308-RFCGS	IQXFQ	38308	RFCGS

補足

数字は「0の省略」に注意！

上記［例2］の結果、先頭が「0」になるセルがあります（セルJ6やJ9）。
Excelは、セルの表示形式が「標準」や「数値」になっている場合、先頭が「0」だと、その0は省略されてしまいます。この「0の省略」を避けるためには、以下の方法があります。

- あらかじめ手動でセルの表示形式を「文字列」に変更しておく。
- `NumberFormatLocal` プロパティに「"@"」を代入するコードをプロシージャに記述しておく（同プロパティについては、ダウンロードPDF教材の**補講Aレッスン3**にて解説しています。ダウンロード元はⅲページ参照）。

確認問題

XLSM 教材ファイル「9章レッスン2確認問題.xlsm」を使用します。

	A	B	C	D
1	商品型番	上3桁コード	中間コード	下3桁コード
2	D88-F-PPL			
3	T32-S-RED			
4	Y46-M-RED			
5	J01-T-PPL			
6	L01-T-RED			
7	D88-F-BLK			
8	Y46-M-GRN			
9	Q81-S-BLU			
10	J01-T-PPL			
11	J01-T-PPL			
12	Z20-M-BLU			

▶ 動画レッスン9-2t

https://excel23.com/
vba-juku/chap9-
lesson2test/

1. セルA2の値をもとに、先頭の3文字だけを取得してセルB2に代入してください。

2. セルA2の値をもとに、末尾の3文字だけを取得してセルD2に代入してください。

3. セルA2の値をもとに、先頭5文字目から1文字分を取得してセルC2に代入してください。

4. 上記 1. ～ 3. のコードを1つのプロシージャに記述してください。

5. 上記 4. と同様の処理を、シートの2行目から最終行まで繰り返してください。

※模範解答は、374ページに掲載しています。

レッスン**3**
日付操作のVBA関数
（Date、Now、Year、Month、Day）

XLSM 教材ファイル「9章レッスン3.xlsm」を使用します。　▶ 動画レッスン9-3

1. 日付操作のVBA関数

ここでは、日付を操作するVBA関数を紹介します。日付データから
年、月、日など必要なデータだけ取得したり、現在の日付や時刻を
自動的に取得することができます。
以下は、本書で解説する日付操作のVBA関数の一覧です。

https://excel23.com/
vba-juku/chap9-
lesson3/

表 9-3-1

関数名	説明
Date	現在の日付を返す
Now	現在の日付時刻を返す
Year	日付データから年を返す
Month	日付データから月を返す
Day	日付データから日を返す

2. イメージでつかむ、Date（Now）、Year、Month、Day 関数

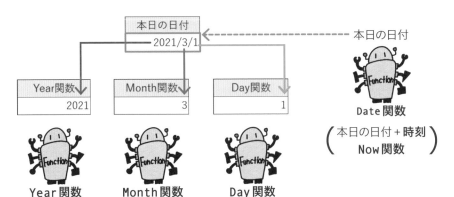

前ページのイメージ図は、現在の日付を自動取得し、その日付から年、月、日をそれぞれ分割してセルに転記している例です。現在の日付を取得する部分では Date 関数を使用し、年、月、日を取得する部分では Year、Month、Day 関数をそれぞれ利用しています。

 なお、Date 関数の代わりに Now 関数を使用すると、現在の日付＋時刻も一緒に取得することができます。

3. Date、Now 関数の使い方

Date 関数は現在の日付を取得できます。また、Now 関数は現在の日付＋時刻を取得できます。

書式

```
Date［引数なし］
Now ［引数なし］
```

● Date 関数も Now 関数も、引数を必要としません。そのため、( ) も記述する必要がありません。

4. Date、Now 関数を使ってみよう

以下のシートにおいて、セル D3 に現在の日付を代入するコード例を紹介します。

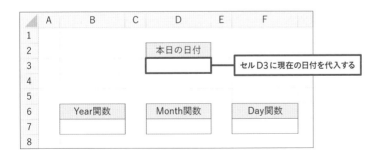

［例］現在の日付を取得し、セル D3 に代入する

```
Sub example9_3_4()
    Range("D3").Value = Date
End Sub
```

- Date 関数で現在の日付を取得し、その結果をセル D3 に代入しています。
- 繰り返しますが、Date 関数には引数が必要ありません。したがって関数名の後ろには何も書きません。
- 上記の結果、セル D3 には、マクロを実行した日の日付が代入されます。

 上記の結果は、本書の執筆時点での日付が代入されています。
マクロを実行した日によって結果は異なるのでご注意ください。

5. Year、Month、Day 関数の使い方

Year 関数は、日付から「年」だけを整数として返します。
Month 関数は、日付から「月」だけを整数として返します。
Day 関数は、日付から「日」だけを整数として返します。

```
Year(日付)
Month(日付)
Day(日付)
```

- いずれの関数も、引数に対象とする日付データを指定します。
- 日付データは、例えば "2022/1/1" のように文字列を指定したり、セルから取得したり、変数（String型やDate型）を指定することができます。

[正式な引数名]

```
Year(date)
Month(date)
Day(date)
```

以下に具体的なコードを紹介します。

[例] "2022/1/1" という日付から、年を取得するコード例

- Year 関数は、日付から「年」だけを返します。その結果、「2022」が返されます。
- Month 関数、Day 関数も、上記のコードと同様に使用できます。

6. Year、Month、Day 関数を使ってみよう

以下のシートにおいて、セル D3 の日付から「年」「月」「日」を取得し、それぞれセル B7、D7、F7 に代入するコード例を紹介します。

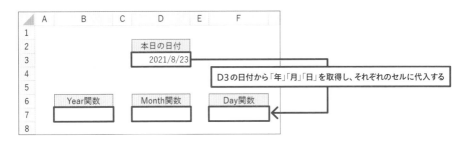

［例2］ セルD3の日付をもとに、セルB7に「年」を、セルD7に「月」を、セルF7に「日」を代入する

```
Sub example9_3_6()

    '日付を変数に代入する
    Dim dt As Date
    dt = Range("D3").Value

    '年、月、日を代入
    Range("B7").Value = Year(dt)
    Range("D7").Value = Month(dt)
    Range("F7").Value = Day(dt)

End Sub
```

- まず変数「dt」を宣言し、セルD3の値を変数に代入しています。
- 変数dtは、日付を格納するための「Date」型として宣言しています。

> 変数の型としての「Date型」は、日付データを代入するための型です。
> VBA関数の「Date関数」と名前が全く同じなので、混同しないように気をつけてください。

- 「Year(dt)」「Month(dt)」「Day(dt)」という各コードでは、引数として「dt」を指定することで、変数dtに格納されている日付からそれぞれ年、月、日を返します。
- また、上記の戻り値をそれぞれセルB7、D7、F7に代入しています。

7. Year、Month、Day 関数の実務的なケース

以下のシートにて、H列には日付の一覧があります。

それぞれの日付について、

- 月初の日であるか
- 5のつく日であるか
- 月末日であるか

をそれぞれ自動的に判定し、該当するならセルに「OK」と代入するマクロの例です。

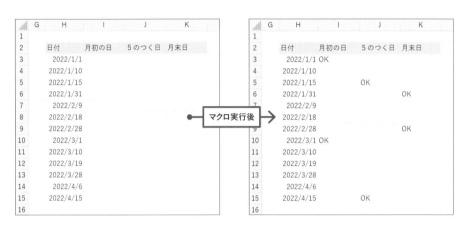

まずは先頭の1行目だけを処理するコード例を紹介します。

[例1] セルH3の日付をもとに、以下の処理をする

- もし日付が1日ならセルI3に "OK" という文字列を代入する
- もし日付が「5」のつく日ならセルJ3に "OK" という文字列を代入する
- もし日付が月末日ならセルK3に "OK" という文字列を代入する

例

```
Sub example9_3_7a()

    '変数に代入
    Dim dt As Date
    dt = Cells(3, "H").Value
```

```
    '①日付が1であることを判定
    If Day(dt) = 1 Then
        Cells(3, "I").Value = "OK"
    End If

    '②日付の末尾が5であることを判定
    If Day(dt) Like "*5" Then
        Cells(3, "J").Value = "OK"
    End If

    '③月末日であることを判定
    If Day(dt + 1) = 1 Then
        Cells(3, "K").Value = "OK"
    End If

End Sub
```

- セルH3の日付をもとに、条件分岐しています。
- まず、変数「dt」を宣言し、セルH3の値を代入しています（変数dtは、日付を格納するための「Date」型として宣言しています）。
- ①では条件式「Day(dt) = 1」とし、Day関数で日付の「日」だけを取得し、1と一致するかどうかを判定しています。
- ②では条件式「Day(dt) Like "*5"」とし、Day関数で日付の「日」だけを取得し、Like演算子とワイルドカードを使って、日付の末尾が「5」であることを判定しています。
- ③では条件式「Day(dt + 1) = 1」とし、Day関数で日付の「日」だけを取得し、もし月末日であれば、**日付に+1したら翌月の1日になることから、もとの日付が月末日であることを判定**しています。

つづいて、［例1］の応用です。「繰り返し」を利用して、表の最終行まで繰り返して処理します。

例

```
Sub example9_3_7b()

    '最終行を取得する
    Dim maxRow As Long
    maxRow = Cells(Rows.Count, "H").End(xlUp).Row

    '繰り返す
    Dim dt As Date
    Dim i As Long
    For i = 3 To maxRow
        dt = Cells(i, "H").Value

        '日付が1であることを判定
        If Day(dt) = 1 Then
            Cells(i, "I").Value = "OK"
        End If

        '日付の末尾が5であることを判定
        If Day(dt) Like "*5" Then
            Cells(i, "J").Value = "OK"
        End If

        '月末日であることを判定
        If Day(dt + 1) = 1 Then
            Cells(i, "K").Value = "OK"
        End If
    Next i

End Sub
```

- 変数maxRowを宣言し、H列の最終行を代入しています。
- For〜Next構文で「For i = 3 To maxRow」とすることで、変数 i の値は開始値「3」から終了値「maxRow」まで1ずつ変化していきます。
- 上記によって、シートの3行目から最終行まで繰り返し処理されます。

確認問題

[XLSM] 教材ファイル「9章レッスン3確認問題.xlsm」を使用します。

	A	B	C	D	E
1	入力日				
2					
3	売上日	店舗	商品型番	日	7のつく日
4	2021/4/7	KC	D88-F-PPL		
5	2021/4/13	KJ	T32-S-RED		
6	2021/4/17	KC	Y46-M-RED		
7	2021/4/25	SJ	J01-T-PPL		
8	2021/5/1	KC	L01-T-RED		
9	2021/5/7	SJ	D88-F-BLK		
10	2021/5/13	YH	Y46-M-GRN		
11	2021/5/19	KJ	Q81-S-BLU		
12	2021/5/27	KJ	J01-T-PPL		
13	2021/5/31	HO	J01-T-PPL		
14	2021/6/6	AK	Z20-M-BLU		

▶ 動画レッスン9-3t

https://excel23.com/
vba-juku/chap9-
lesson3test/

1. セルB1に現在の日付を代入してください。

2. セルA4の年月日から「日」だけを取得して、セルD4に代入してください。

3. If〜End If 構文を使用して、セルD4の値に「7」がつく場合、セルE4に "OK" という文字列を代入してください。

4. 上記の問題2.と3.を、1つのプロシージャにまとめて記述してください。

5. 上記の問題4.と同様の処理を、シートの4行目〜最終行まで繰り返してください。

※模範解答は、374ページに掲載しています。

第10章

フィルターによる
データ抽出

欲しいデータを自在に取得

第10章

イントロダクション

ここからは、「フィルター機能」を使ってデータ抽出をする方法について学んでいこう！

おぉ！ それはどういう機能ッスか？

フィルター機能を使うと、データの中から必要なデータだけを抽出できるんだ。例えば、すべての売上データから、特定のお客さんの売上データだけを抽出するといったことが可能だよ。

全データ

必要なデータを抽出

それは便利ッスね！ ボクの業務にも使えそうッス！

実は「フィルター」という機能は、もともとExcelに搭載されている。その機能を、VBAの「AutoFilterメソッド」というもので利用することができるんだ。

Excelの「フィルター」という機能をマクロで利用するのが「AutoFilterメソッド」ということッスね！

そういうこと！
では早速、AutoFilterメソッドの使い方について学んでいこう！

レッスン**1**

フィルターによるデータ抽出
（AutoFilter メソッド）

XLSM 教材ファイル「10 章レッスン1.xlsm」を使用します。　▶ 動画レッスン10-1

1. フィルター機能でできること

フィルター機能を使用すると、データの中から特定の条件に合うものだけを抽出できます。

例えば、以下のようなこともできます。

https://excel23.com/
vba-juku/chap10-
lesson1/

- **ある分類名のデータだけを抽出する**（一致するデータの抽出）
- **ある数値以上のデータだけを抽出する**（数値による抽出）
- **ある日付のデータだけを抽出する**（日付による抽出）

本レッスンで、1つずつ学んでいきます。

2. フィルター機能（AutoFilter メソッド）

「フィルター」という機能は、Excelに標準搭載されています。まずは、マクロを使用せずにExcelを手動で操作して「フィルター」機能を使用する方法を紹介します。

1 表の中のセルを1つ選択した状態で、[データ]タブの「フィルター」をクリックする（またはショートカットキー Ctrl+Shift+L）

> フィルターの適用は、その表の中のセルを1つでも選択した状態であれば可能です（表の範囲全体を選択しておかなくても大丈夫です）。

2 フィルターが有効化され、タイトル行にそれぞれ「▼」が表示される

3 例えば、[氏名]列の「▼」をクリックすると、その列を基準に抽出するためのメニューが表示される

以上の操作により、フィルターを使用できます。

このような**フィルター機能**を**VBA**で利用すれば、データ抽出を自動化できます。

そのために使用するコードが、**3.** で紹介する「**AutoFilter メソッド**」です。

3. AutoFilter メソッドの使い方

「AutoFilter メソッド」を利用することで、Excelのフィルター機能を利用できます。

> Excelのフィルター機能は、昔は「オートフィルター」という名前でした。その名残で、VBAにおいては「AutoFilter メソッド」という名前が残っていると考えられます。

【書式】

```
Rangeオブジェクト.AutoFilter  フィールド,  基準1
```

▶ 3つ以上の引数を使った方法もありますが、それはダウンロードPDF教材の**補講D：上級編**にて解説します（ダウンロード元はiiiページ参照）。

［正式な引数名］

```
Rangeオブジェクト.AutoFilter Field, Criteria1
```

	A	B	C	D	E	F	G	H	I
1	購入ID	日付	氏名	商品コード	商品名	商品分類	単価	数量	金額
2	1	2022/1/1	相川 なつこ	a00001	Wordで役立つビジネス文書術	Word教材	3,980	3	11,940
3	2	2022/1/9	長坂 美代子	a00002	Excelデータ分析初級編	Excel教材	4,500	10	45,000
4	3	2022/1/17	長坂 美代子	a00003	パソコンをウィルスから守る術	パソコン教材	3,980	4	15,920
5	4	2022/1/25	篠原 哲雄	a00001	Wordで役立つビジネス文書術	Word教材	3,980	5	19,900
6	5	2022/2/2	布 施寛	a00004	超速タイピング術	パソコン教材	4,500	10	45,000
7	6	2022/2/10	布 施寛	a00005	PowerPointプレゼン術	PowerPoint教材	4,200	2	8,400
8	7	2022/2/18	水戸 陽太	a00006	PowerPointアニメーションマスター	PowerPoint教材	2,480	9	22,320

Range オブジェクト
表の中の1つ以上の
セルを指定

フィールド
列を数値で指定。表の左端から「1、2、3…」と数えた列番号を指定する
例：「氏名」列で抽出したいなら「3」と指定する

- Rangeオブジェクトは、「Range」や「Cells」などでセルを指定します。
- 上記で指定するセルは、**表全体を範囲指定する必要はありません**。表に含まれている**最低1つのセル**を指定すれば、AutoFilterメソッドを利用することができます。一般的には、**表の左上端のセル**を指定することが多いです。
- **第1引数**では、対象とする**列**を数値で指定します（表の左端から順番に列を数えます）。
- 第2引数では、データを抽出する基準を文字列で指定します。「基準」とは、データ抽出するための「条件式」のようなものとお考えください（例：″相川 なつこ″というデータを抽出したいなら、″相川 なつこ″と指定する）。

具体的なコード例を紹介します。

[例1][氏名]列が″山田 大地″に一致するデータを抽出する

```
Range("A1").AutoFilter 3, "山田 大地"
```

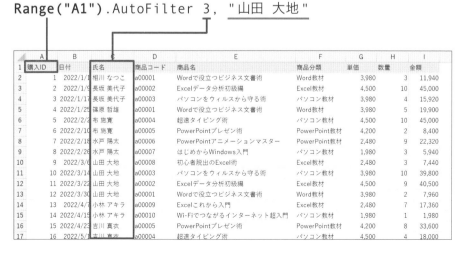

```
Sub example10_1_3a()
    Range("A1").AutoFilter 3, "山田 大地"
                          フィールド    基準1
End Sub
```

- 「Range("A1")」により、表に含まれる1つのセルを指定しています。
- AutoFilterメソッドの**第1引数**（フィールド）を「3」と指定しています。これは、表の左端から数えて3列目の［氏名］列でデータ抽出するためです。
- **第2引数**（基準1）を"山田 大地"と指定しています。これは、［氏名］列において抽出したい文字列を記述しています。
- 上記の結果、［氏名］列が"山田 大地"に一致するデータが抽出されます。

	A	B	C	D	E	F	G	H	I
1	購入ID	日付	氏名	商品コード	商品名	商品分類	単価	数量	金額
10	9	2022/3/6	山田 大地	a00008	初心者脱出のExcel術	Excel教材	2,480	3	7,440
11	10	2022/3/14	山田 大地	a00003	パソコンをウィルスから守る術	パソコン教材	3,980	10	39,800
12	11	2022/3/22	山田 大地	a00002	Excelデータ分析初級編	Excel教材	4,500	9	40,500
13	12	2022/3/30	山田 大地	a00001	Wordで役立つビジネス文書術	Word教材	3,980	2	7,960
20	19	2022/5/25	山田 大地	a00001	Wordで役立つビジネス文書術	Word教材	3,980	8	31,840
24									

"山田 大地"は、氏名の間の半角スペースも含めて、表にあるデータの通りに記述するように気をつけましょう。例えば、半角スペースを抜いて"山田大地"と引数に記述しても、データが一致しないため抽出できません。

[例2]［商品分類］列が"Word教材"に一致するデータを抽出する

Range("A1").AutoFilter 6, "Word教材"

	A	B	C	D	E	F	G	H	I
1	購入ID	日付	氏名	商品コード	商品名	商品分類	単価	数量	金額
2	1	2022/1/1	相川 なつこ	a00001	Wordで役立つビジネス文書術	Word教材	3,980	3	11,940
3	2	2022/1/9	長坂 美代子	a00002	Excelデータ分析初級編	Excel教材	4,500	10	45,000
4	3	2022/1/17	長坂 美代子	a00003	パソコンをウィルスから守る術	パソコン教材	3,980	4	15,920
5	4	2022/1/25	篠原 哲雄	a00001	Wordで役立つビジネス文書術	Word教材	3,980	5	19,900
6	5	2022/2/2	布 施寛	a00004	超速タイピング術	パソコン教材	4,500	10	45,000
7	6	2022/2/10	布 施寛	a00005	PowerPointプレゼン術	PowerPoint教材	4,200	2	8,400
8	7	2022/2/18	水戸 陽太	a00006	PowerPointアニメーションマスター	PowerPoint教材	2,480	9	22,320
9	8	2022/2/26	水戸 陽太	a00007	はじめからWindows入門	パソコン教材	1,980	3	5,940
10	9	2022/3/6	山田 大地	a00008	初心者脱出のExcel術	Excel教材	2,480	3	7,440
11	10	2022/3/14	山田 大地	a00003	パソコンをウィルスから守る術	パソコン教材	3,980	10	39,800
12	11	2022/3/22	山田 大地	a00002	Excelデータ分析初級編	Excel教材	4,500	9	40,500

例

```
Sub example10_1_3b()
    Range("A1").AutoFilter 6, "Word教材"
                           フィールド    基準1
End Sub
```

- AutoFilterメソッドの第1引数（フィールド）を「6」と指定しています。これは、表の左端から数えて6列目の［商品分類］列でデータ抽出するためです。
- 第2引数（基準1）を "Word教材 " と指定しています。これは、［商品分類］列において抽出したい文字列を記述しています。
- 上記の結果、［商品分類］列が "Word教材 " に一致するデータが抽出されます。

	A	B	C	D	E	F	G	H	I
1	購入ID	日付	氏名	商品コード	商品名	商品分類	単価	数量	金額
13	12	2022/3/30	山田 大地	a00001	Wordで役立つビジネス文書術	Word教材	3,980	2	7,960
20	19	2022/5/25	山田 大地	a00001	Wordで役立つビジネス文書術	Word教材	3,980	8	31,840
24									

上記の画像は、［例1］を実行した後でそのまま［例2］を実行した結果の画像です。

- ［例1］で［氏名］列が " 山田　大地 " に一致するデータを抽出
- ［例2］で［商品分類］列が "Word教材 " に一致するデータを抽出

と連続で行ったため、上記のどちらの基準も満たすデータが抽出されています。

このように、AutoFilterメソッドを実行すると、前の抽出結果がそのまま引き継がれることになります。前の抽出結果を解除（リセット）する方法については、5.で解説します。

4. 一致データを抽出する際は、セルの表示形式のとおりに記述すること！

AutoFilterメソッドで一致データを抽出する際は、セルの表示形式のとおりに第2引数を記述する必要があります。

例えば、表において［単価］列の値が「3,980」のデータを抽出するコード例を紹介します。

```
Range("A1").AutoFilter 7, "3,980"
```

	A	B	C	D	E	F	G	H	I
1	購入ID	日付	氏名	商品コード	商品名	商品分類	単価	数量	金額
2	1	2022/1/1	相川 なつこ	a00001	Wordで役立つビジネス文書術	Word教材	3,980	3	11,940
3	2	2022/1/9	長坂 美代子	a00002	Excelデータ分析初級編	Excel教材	4,500	10	45,000
4	3	2022/1/17	長坂 美代子	a00003	パソコンをウィルスから守る術	パソコン教材	3,980	4	15,920
5	4	2022/1/25	篠原 哲雄	a00001	Wordで役立つビジネス文書術	Word教材	3,980	5	19,900
6	5	2022/2/2	布 施寛	a00004	超速タイピング術	パソコン教材	4,500	10	45,000
7	6	2022/2/10	布 施寛	a00005	PowerPointプレゼン術	PowerPoint教材	4,200	2	8,400
8	7	2022/2/18	水戸 陽太	a00006	PowerPointアニメーションマスター	PowerPoint教材	2,480	9	22,320
9	8	2022/2/26	水戸 陽太	a00007	はじめからWindows入門	パソコン教材	1,980	3	5,940
10	9	2022/3/6	山田 大地	a00008	初心者脱出のExcel術	Excel教材	2,480	3	7,440
11	10	2022/3/14	山田 大地	a00003	パソコンをウィルスから守る術	パソコン教材	3,980	10	39,800
12	11	2022/3/22	山田 大地	a00002	Excelデータ分析初級編	Excel教材	4,500	9	40,500
13	12	2022/3/30	山田 大地	a00001	Wordで役立つビジネス文書術	Word教材	3,980	2	7,960
14	13	2022/4/7	小林 アキラ	a00009	Excelこれから入門	Excel教材	2,480	7	17,360
15	14	2022/4/15	小林 アキラ	a00010	Wi-Fiでつながるインターネット超入門	パソコン教材	1,980	1	1,980

例

```
Sub example10_1_4()
    Range("A1").AutoFilter 7, "3,980"
End Sub
```

上記の場合、AutoFilterメソッドの第2引数には"3,980"とカンマ(,)付きで記述する必要があります。その理由は、元の表のセルの表示形式が「3,980」とカンマ区切りの書式になっているからです。このように、第2引数で一致データを指定する場合には、**元の表の表示形式の通りに記述する必要がある点に注意しましょう**。もし、第2引数に"3980"とカンマ(,)なしで記述してしまった場合は、一致するデータが抽出できません（カンマ以外にも、例えば数値に「¥」がついた通貨スタイルの場合なども、「¥」を付けて引数を記述する必要があります）。

同様に、日付データなども注意が必要です。日付データは、同じ日付データでも、セルの表示形式によって様々な形式でセルに表示されます。

例えば、「2022/1/1」「2022/01/01」「2022年1月1日」「令和4年1月1日」これらは同じ日付データですが、それぞれ異なる表示形式でセルに表示されています。この場合も、AutoFilterメソッドの第2引数には、**セルの表示形式の通り**に記述する必要があります。

5. フィルターを解除するには？

AutoFilterメソッドを実行すると、前回実行したフィルター結果が残ったまま次の抽出が行われてしまいます。すると二重にデータ抽出してしまうため、本来の目的よりも少ない

結果が表示される恐れがあります。それを避けるためには、**フィルターを解除するコード**も知っておきましょう。

```
Rangeオブジェクト.AutoFilter          '引数なし
```

- このように、AutoFilterメソッドを引数なしで記述します。
- 上記の結果、フィルターが有効な場合はフィルターが解除され、元の状態の表に戻ります。

Mac版ExcelのVBAでは、AutoFilterメソッドを引数なしで記述するコードはサポートされていません（2021年10月執筆時点）。
その場合、以下のコードで代用することをおすすめします。

```
ActiveSheet.AutoFilterMode = False
```

上記のコードは、アクティブシート（現在操作対象になっているシート）のフィルターをオフにするというコードです。

なお、上記のようにAutoFilterメソッドを引数なしで記述すると、フィルターが有効でない場合は逆に「**フィルターを有効にする**」という結果になります。「フィルターを解除するためのコードなのに、場合によってはフィルターが有効になってしまうのは都合が悪い」と感じる方もいるかもしれません。

そこで、条件分岐を加えて、**フィルターが有効な場合だけフィルターを解除する**ように改良したコードが以下です。

```
If ActiveSheet.AutoFilterMode = True Then
    Rangeオブジェクト.AutoFilter
End If
```

- 上記は、If〜End If構文の条件式で「ActiveSheet.AutoFilterMode = True」と記述することで、現在アクティブな（操作対象の）シートにおいて**フィルターが有効であること**を条件にしています。
- したがって、シートの**フィルターが有効な場合のみ、フィルターを解除**することになります。

ただし、[書式2]のように条件分岐をせずに、[書式1]のようにコードを記述したとしても、フィルターが無効な状態から有効な状態になるだけですので、マクロの動作上は特に支障ありません。本書では、（初心者の読者を想定しているため）コードが複雑化するのをなるべく避けるように、条件分岐を使わない[書式1]のコードを使用します。

なお、[書式2]のように、If構文の条件式である「プロパティ = True」という式を記述する場合は、「= True」を省略して記述できます。したがって、条件式を「If ActiveSheet.AutoFilterMode Then」と記述することができます（「= True」を省略）。

書式2'

```
If ActiveSheet.AutoFilterMode Then      '「=True」を省略
    Rangeオブジェクト.AutoFilter
End If
```

さらに補足ですが、If〜End If構文において、Trueの場合の処理が1行のみである場合、「End If」を省略して、次のように1行で構文を済ませることができます。

書式

```
If [条件式] Then [処理内容]
```

上記の記述方法を利用して、[書式2']を1行で済ませることも可能です（※ページのレイアウトの都合上、2行で表示されていますが、以下は1行のコードです）。

書式2'

```
If ActiveSheet.AutoFilterMode Then Rangeオブジェクト
.AutoFilter
```

補足

抽出結果をコピーするには？（予習）

実務では、「抽出結果を別の場所へコピーして利用したい」というケースがよくあります。

以下のコード例は、抽出結果をコピーして、別シートに貼り付けるコードです。
まだ学習していないコードも含まれていますが、今のうちに予習しておきましょう。

**［例］表の［氏名］列が " 山田 大地 " に一致するデータを抽出し、抽出結果を
コピーしてシート「Sheet2」のセル A1 に貼り付ける**

例

```
Sub example10_1_5補足()
    Range("A1").AutoFilter            ' 前回のフィルターを解除
    Range("A1").AutoFilter 3, "山田 大地"
    Range("A1").CurrentRegion.Copy _ 改行
        セルA1を含む表全体        コピー
        Sheets("Sheet2").Range("A1")
        貼り付け先は「Sheet2」のセルA1
End Sub
```

第10章 フィルターによるデータ抽出 欲しいデータを自在に取得

- 1行目で、前回のフィルターを解除しています。5.で説明した通り、Auto Filterメソッドで引数を省略して実行すると、前回実行したフィルター結果がもとに戻ります。

- 2行目で、AutoFilterメソッドを実行します。

- 3行目は、抽出結果をコピーし、シート「抽出シート」のセル A1 へ貼り付けるコードです。「**Range("A1").CurrentRegion**」というコードで、**セル A1 を含む表全体を指定しています**（CurrentRegionプロパティについて詳しくは、ダウンロードPDF教材の**補講 C：もっと知っておきたいセル範囲の指定方法**にて解説しているので参照してください。ダウンロード元はⅲページ参照）。

- 「**Range("A1").CurrentRegion.Copy**」と記述すると、AutoFilterによって非表示になっているデータは除外され、**抽出結果のデータだけをコピー**することができます。

- Copyメソッドの引数には、「Sheet("Sheet2").Range("A1")」と記述しています。これは、「Sheet2」というシートのセル「A1」を意味します（シートの指定方法については詳しくは第11章で解説しています）。

以上のコードにより、AutoFilterで抽出した結果を別のシートに貼り付けることができます。

この処理は定型句のように使えるコードなので、押さえておきましょう。

確認問題

📄 XLSM 教材ファイル「10章レッスン1確認問題.xlsm」を使用します。

	A	B	C	D	E	F
1	番号	物件名	所在地	価格(万円)	沿線・駅	間取り
2	1	南品川スイートホーム	東京都品川区南品川x	4,480	JR京浜東北線「大井町」徒歩12分	2LDK+S
3	2	旗の台グランドステージ	東京都品川区旗の台x	4,480	東急大井町線「旗の台」徒歩5分	1LDK+S
4	3	西品川ゴールドハウス	東京都品川区西品川x-xx-xx	4,590	東急大井町線「下神明」徒歩5分	3DK
5	4	東大井プレミアハウス	東京都品川区東大井x	4,220	JR京浜東北線「大井町」徒歩5分	2LDK+S
6	5	小山ネクストハウス	東京都品川区小山xxx	6,700	東急目黒線「洗足」徒歩5分	3LDK
7	6	東大井リトルプレイス	東京都品川区東大井xxx	5,380	JR京浜東北線「大井町」徒歩9分	4LDK
8	7	東大井ガーデンコート	東京都品川区東大井xx	5,980	京急本線「立会川」徒歩8分	1LDK+2S
9	8	五反田の新築一戸建て	東京都品川区西五反田x	5,980	JR山手線「五反田」徒歩14分	3LDK
10	9	大井グレートアクセス	東京都品川区大井x	5,020	JR京浜東北線「大森」徒歩11分	2LDK+S
11	10	旗の台セカンドステージ	東京都品川区旗の台xx	5,740	東急大井町線「北千東」徒歩5分	3LDK

1. 表において、次の条件に一致するデータを抽出してください。

▶ 動画レッスン10-1t

   フィールド：[間取り]列

   基準："3LDK"に一致する

2. 表において、次の条件に一致するデータを抽出してください。

https://excel23.com/vba-juku/chap10-lesson1test/

   フィールド：[価格(万円)]列

   基準："4,480"に一致する

   ※上記の処理の前に、前回のフィルターを解除するコードも書いてください。

3. 表において、次の条件に一致するデータを抽出してください。

フィールド：[物件名] 列

基準： " ハウス " という文字列を含んでいる

※上記の処理の前に、前回のフィルターを解除するコードも書いてください。

4. 表において、次の条件に一致するデータを抽出してください。

フィールド：[沿線・駅] 列

基準： 文字列の末尾が " 徒歩 5 分 " という文字列で終わっている

※上記の処理の前に、前回のフィルターを解除するコードも書いてください。

5. 表において、次の条件に一致するデータを抽出してください。

フィールド：[沿線・駅] 列

基準： 文字列の先頭が "JR 京浜東北線 " という文字列で始まっている

※上記の処理の前に、前回のフィルターを解除するコードも書いてください。

※模範解答は、375 ページに掲載しています。

レッスン **2**
文字列、数値、日付によるデータ抽出

xlsm 教材ファイル「10章レッスン2.xlsm」を使用します。　▶ 動画レッスン10-2

https://excel23.com/
vba-juku/chap10-
lesson2/

1. 文字列による抽出

AutoFilterメソッドでは、文字列をもとにデータ抽出できます。
例えば、

- **ある文字列に一致するデータを抽出する**（レッスン1で解説しました）
- **文字列の部分一致やパターンマッチングでデータを抽出**（ワイルドカードを使用）
- **セルが空白／空白でないデータを抽出**

といったことができます。上記の1つ目については本章**レッスン1**で説明しましたが、それ以外の方法について解説していきます。

2. 文字列の部分一致やパターンマッチングでデータを抽出する（ワイルドカードを使用）

AutoFilterメソッドでは、**ワイルドカード**という記号（「?」や「*」）を使用して、部分一致やパターンマッチングによる抽出ができます。
例えば、以下のような条件でデータを抽出できます。

- ［商品名］の先頭が「Word」という文字列から始まるデータを抽出（部分一致）
- ［商品名］に「入門」という文字列が含まれているデータを抽出（部分一致）
- ［商品コード］が、「a0000x」（xに1文字入る）というパターンのデータを抽出（パターンマッチング）

> ワイルドカードは、第8章（条件分岐）にてLike演算子の説明で紹介したものと使い方は似ています。

AutoFilterメソッドで使用できるワイルドカードの種類は以下の2つです。

- 「?」…1文字の任意の文字列
- 「*」…任意の文字数の文字列

「*」は任意の文字数の文字列なので、0文字（つまり空白）でも一致と見なされます。
一方、「?」は1文字の任意の文字列なので、必ず1文字分の文字列がなければ一致と見なされません。

次に、具体的なコード例を紹介します。

以下のデータは、3.の学習のために、敢えて空白セルが含まれています。

	A	B	C	D	E	F	G	H	I
1	購入ID	日付	氏名	商品コード	商品名	商品分類	単価	数量	金額
2	1	2022/1/1	相川 なつこ	a00001	Wordで役立つビジネス文書術	Word教材	3,980	3	11,940
3	2	2022/1/9	長坂 美代子	a00002	Excelデータ分析初級編	Excel教材	4,500	10	45,000
4	3	2022/1/17	長坂 美代子	a00003	パソコンをウィルスから守る術	パソコン教材	3,980		0
5	4	2022/1/25	篠原 哲雄	a00001	Wordで役立つビジネス文書術	Word教材	3,980	5	19,900
6	5	2022/2/2		a00004	超速タイピング術	パソコン教材	4,500	10	45,000
7	6	2022/2/10	布 施寛	a00005	PowerPointプレゼン術	PowerPoint教材	4,200		
8	7	2022/2/18		a00006	PowerPointアニメーションマスター	PowerPoint教材	2,480	9	22,320
9	8	2022/2/26	水戸 陽太	a00007	はじめからWindows入門	パソコン教材	1,980	3	5,940
10	9	2022/3/6	山田 大地	a00008	初心者脱出のExcel術	Excel教材	2,480		0
11	10	2022/3/14		a00003	パソコンをウィルスから守る術	パソコン教材	3,980	10	39,800
12	11	2022/3/22	山田 大地	a00002	Excelデータ分析初級編	Excel教材	4,500	9	40,500
13	12	2022/3/30	山田 大地	a00001	Wordで役立つビジネス文書術	Word教材	3,980	2	7,960
14	13	2022/4/7	小林 アキラ	a00009	Excelこれから入門	Excel教材	2,480		0
15	14	2022/4/15	小林 アキラ	a00010	Wi-Fiでつながるインターネット超入門	パソコン教材	1,980	1	1,980
16	15	2022/4/23	吉川 真衣	a00005	PowerPointプレゼン術	PowerPoint教材	4,200	8	33,600
17	16	2022/5/1		a00004	超速タイピング術	パソコン教材	4,500	4	18,000
18	17	2022/5/9	白川 美優	a00008	Excelピボットテーブル完全攻略	Excel教材	3,600	7	25,200
19	18	2022/5/17	若山 佐一	a00012	Wordじっくり入門	Word教材	2,480	8	19,840
20	19	2022/5/25	山田 大地	a00001	Wordで役立つビジネス文書術	Word教材	3,980	8	31,840
21	20	2022/6/2	小林 アキラ	a00009	Excelこれから入門	Excel教材	2,480	7	17,360
22	21	2022/6/10		a00010	Wi-Fiでつながるインターネット超入門	パソコン教材	1,980	4	7,920
23	22	2022/6/18	吉川 真衣	a00005	PowerPointプレゼン術	PowerPoint教材	4,200	3	12,600
24									

[例1] [商品名] の列の先頭が "Word" という文字列で始まっているデータを抽出する

```
Range("A1").AutoFilter 5, "Word*"
```

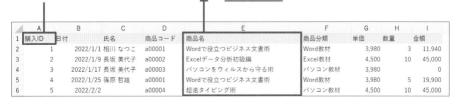

例

```
Sub example10_2_2a()
    Range("A1").AutoFilter                  ' 前回のフィルターを解除
    Range("A1").AutoFilter 5, "Word*"
End Sub
```

- 1行目では、前回のフィルターを解除するコードを記述しています。
- 2行目では、AutoFilterメソッドの第2引数に "Word*" と記述しています。これにより、先頭が "Word" から始まり、それ以降は「*」（任意の文字数の文字列）であるという基準になります。
- 上記の結果、[商品名] の先頭が "Word" という文字列で始まっているデータが抽出されます。

	A	B	C	D	E	F	G	H	I
1	購入ID	日付	氏名	商品コード	商品名	商品分類	単価	数量	金額
2	1	2022/1/1	相川 なつこ	a00001	Wordで役立つビジネス文書術	Word教材	3,980	3	11,940
5	4	2022/1/25	篠原 哲雄	a00001	Wordで役立つビジネス文書術	Word教材	3,980	5	19,900
13	12	2022/3/30	山田 大地	a00001	Wordで役立つビジネス文書術	Word教材	3,980	2	7,960
19	18	2022/5/17	若山 佐一	a00012	Wordじっくり入門	Word教材	2,480	8	19,840
20	19	2022/5/25	山田 大地	a00001	Wordで役立つビジネス文書術	Word教材	3,980	8	31,840

[例2] [商品名]列が " 入門 " という文字列を含んでいるデータを抽出する

```
Range("A1").AutoFilter 5, "*入門*"
```

	A	B	C	D	E	F	G	H	I
1	購入ID	日付	氏名	商品コード	商品名	商品分類	単価	数量	金額
2	1	2022/1/1	相川 なつこ	a00001	Wordで役立つビジネス文書術	Word教材	3,980	3	11,940
3	2	2022/1/9	長坂 美代子	a00002	Excelデータ分析初級編	Excel教材	4,500	10	45,000
4	3	2022/1/17	長坂 美代子	a00003	パソコンをウィルスから守る術	パソコン教材	3,980		0
5	4	2022/1/25	篠原 哲雄	a00001	Wordで役立つビジネス文書術	Word教材	3,980	5	19,900
6	5	2022/2/2		a00004	超速タイピング術	パソコン教材	4,500	10	45,000
7	6	2022/2/10	布 施寛	a00005	PowerPointプレゼン術	PowerPoint教材	4,200		0
8	7	2022/2/18		a00006	PowerPointアニメーションマスター	PowerPoint教材	2,480	9	22,320
9	8	2022/2/26	水戸 陽太	a00007	はじめからWindows入門	パソコン教材	1,980	3	5,940

例

```
Sub example10_2_2b()
    Range("A1").AutoFilter                  ' 前回のフィルターを解除
    Range("A1").AutoFilter 5, "*入門*"
End Sub
```

- AutoFilterメソッドの第2引数に"*入門*"と記述しています。これによって、"入門"という文字列の前後に「*」(任意の文字数の文字列)が入るという意味になります。
- 上記の結果、[商品名]に"入門"という文字列を含んでいるデータが抽出されます。

	A	B	C	D	E	F	G	H	I
1	購入ID	日付	氏名	商品コード	商品名	商品分類	単価	数量	金額
9	8	2022/2/26	水戸 陽太	a00007	はじめからWindows入門	パソコン教材	1,980	3	5,940
14	13	2022/4/7	小林 アキラ	a00009	Excelこれから入門	Excel教材	2,480		0
15	14	2022/4/15	小林 アキラ	a00010	Wi-Fiでつながるインターネット超入門	パソコン教材	1,980	1	1,980
19	18	2022/5/17	若山 佐一	a00012	Wordじっくり入門	Word教材	2,480	8	19,840
21	20	2022/6/2	小林 アキラ	a00009	Excelこれから入門	Excel教材	2,480	7	17,360
22	21	2022/6/10		a00010	Wi-Fiでつながるインターネット超入門	パソコン教材	1,980	4	7,920

[例3] [商品コード] 列が、"a0000?"というパターンであるデータを抽出する(?には1文字の文字列が入る)

```
Range("A1").AutoFilter 4, "a0000?"
```

	A	B	C	D	E	F	G	H	I
1	購入ID	日付	氏名	商品コード	商品名	商品分類	単価	数量	金額
2	1	2022/1/1	相川 なつこ	a00001	Wordで役立つビジネス文書術	Word教材	3,980	3	11,940
3	2	2022/1/9	長坂 美代子	a00002	Excelデータ分析初級編	Excel教材	4,500	10	45,000
4	3	2022/1/17	長坂 美代子	a00003	パソコンをウィルスから守る術	パソコン教材	3,980		0
5	4	2022/1/25	篠原 哲雄	a00001	Wordで役立つビジネス文書術	Word教材	3,980	5	19,900
6	5	2022/2/2		a00004	超速タイピング術	パソコン教材	4,500	10	45,000
7	6	2022/2/10	布 施寛	a00005	PowerPointプレゼン術	PowerPoint教材	4,200		0
8	7	2022/2/18		a00006	PowerPointアニメーションマスター	PowerPoint教材	2,480	9	22,320
9	8	2022/2/26	水戸 陽太	a00007	はじめからWindows入門	パソコン教材	1,980	3	5,940

例

```
Sub example10_2_2c()
    Range("A1").AutoFilter                    '前回のフィルターを解除
    Range("A1").AutoFilter 4, "a0000?"
End Sub
```

- AutoFilterメソッドの第2引数に"a0000?"と記述しています。"?"には1文字の任意の文字列が入ります。
- これによって、**"a0000"という文字列の後ろに1文字の何らかの文字列があるパターン**ということになります。
- 上記の結果、[商品コード]が"a0000?"というパターンであるデータが抽出されます。

	A	B	C	D	E	F	G	H	I
1	購入ID	日付	氏名	商品コード	商品名	商品分類	単価	数量	金額
2	1	2022/1/1	相川 なつこ	a00001	Wordで役立つビジネス文書術	Word教材	3,980	3	11,940
3	2	2022/1/9	長坂 美代子	a00002	Excelデータ分析初級編	Excel教材	4,500	10	45,000
4	3	2022/1/17	長坂 美代子	a00003	パソコンをウィルスから守る術	パソコン教材	3,980		0
5	4	2022/1/25	篠原 哲雄	a00001	Wordで役立つビジネス文書術	Word教材	3,980	5	19,900
6	5	2022/2/2		a00004	超速タイピング術	パソコン教材	4,500	10	45,000
7	6	2022/2/10	布 施寛	a00005	PowerPointプレゼン術	PowerPoint教材	4,200		0
8	7	2022/2/18		a00006	PowerPointアニメーションマスター	PowerPoint教材	2,480	9	22,320
9	8	2022/2/26	水戸 陽太	a00007	はじめからWindows入門	パソコン教材	1,980	3	5,940
10	9	2022/3/6	山田 大地	a00008	初心者脱出のExcel術	Excel教材	2,480		
11	10	2022/3/14		a00003	パソコンをウィルスから守る術	パソコン教材	3,980	10	39,800
12	11	2022/3/22	山田 大地	a00002	Excelデータ分析初級編	Excel教材	4,500	9	40,500
13	12	2022/3/30	山田 大地	a00001	Wordで役立つビジネス文書術	Word教材	3,980	2	7,960
14	13	2022/4/7	小林 アキラ	a00009	Excelこれから入門	Excel教材	2,480		
16	15	2022/4/23	吉川 真衣	a00005	PowerPointプレゼン術	PowerPoint教材	4,200	8	33,600
17	16	2022/5/1		a00004	超速タイピング術	パソコン教材	4,500	4	18,000
20	19	2022/5/25	山田 大地	a00001	Wordで役立つビジネス文書術	Word教材	3,980	8	31,840
21	20	2022/6/2	小林 アキラ	a00009	Excelこれから入門	Excel教材	2,480	7	17,360
23	22	2022/6/18	吉川 真衣	a00005	PowerPointプレゼン術	PowerPoint教材	4,200	3	12,600

3. セルが空白/空白でないデータを抽出

AutoFilterメソッドを使って、セルが空白・または空白でないデータを抽出することができます。

書式

```
Rangeオブジェクト.AutoFilter フィールド , "="      ' 空白のデータを抽出
Rangeオブジェクト.AutoFilter フィールド , "<>"     ' 空白でないデータを抽出
```

- 第2引数に "=" と記述すると、空白のデータという意味になります。
- 第2引数に "<>" と記述すると、空白でないデータという意味になります。

具体的なコード例を紹介します。
以下の表は、［氏名］や［数量］に空白のセルが散在しています。

	A	B	C	D	E	F	G	H	I
1	購入ID	日付	氏名	商品コード	商品名	商品分類	単価	数量	金額
2	1	2022/1/1	相川 なつこ	a00001	Wordで役立つビジネス文書術	Word教材	3,980	3	11,940
3	2	2022/1/9	長坂 美代子	a00002	Excelデータ分析初級編	Excel教材	4,500	10	45,000
4	3	2022/1/17	長坂 美代子	a00003	パソコンをウィルスから守る術	パソコン教材	3,980		0
5	4	2022/1/25	篠原 哲雄	a00001	Wordで役立つビジネス文書術	Word教材	3,980	5	19,900
6	5	2022/2/2		a00004	超速タイピング術	パソコン教材	4,500	10	45,000
7	6	2022/2/10	布 施寛	a00005	PowerPointプレゼン術	PowerPoint教材	4,200		0
8	7	2022/2/18		a00006	PowerPointアニメーションマスター	PowerPoint教材	2,480	9	22,320
9	8	2022/2/26	水戸 陽太	a00007	はじめからWindows入門	パソコン教材	1,980	3	5,940
10	9	2022/3/6	山田 大地	a00008	初心者脱出のExcel術	Excel教材	2,480		
11	10	2022/3/14		a00003	パソコンをウィルスから守る術	パソコン教材	3,980	10	39,800

[例1] [氏名] の列が空白になっているデータを抽出する

例

```
Sub example10_2_3a()
    Range("A1").AutoFilter          ' 前回のフィルターを解除
    Range("A1").AutoFilter 3 ,"="
End Sub
```

- AutoFilterメソッドの第2引数に "=" と入力することで、空白データを抽出することができます。
- 上記の結果、[氏名] 列が空白であるデータを抽出することができます。

	A	B	C	D	E	F	G	H	I
1	購入ID	日付	氏名	商品コード	商品名	商品分類	単価	数量	金額
6	5	2022/2/2		a00004	超速タイピング術	パソコン教材	4,500	10	45,000
8	7	2022/2/18		a00006	PowerPointアニメーションマスター	PowerPoint教材	2,480	9	22,320
11	10	2022/3/14		a00003	パソコンをウィルスから守る術	パソコン教材	3,980	10	39,800
17	16	2022/5/1		a00004	超速タイピング術	パソコン教材	4,500	4	18,000
22	21	2022/6/10		a00010	Wi-Fiでつながるインターネット超入門	パソコン教材	1,980	4	7,920

[例2] [数量] の列が空白でないデータを抽出する

例

```
Sub example10_2_3b()
    Range("A1").AutoFilter          ' 前回のフィルターを解除
    Range("A1").AutoFilter 8 ,"<>"
End Sub
```

- AutoFilterメソッドの第2引数に "<>" と入力することで、空白でないデータを抽出できます。
- 上記の結果、[数量] 列が空白でないデータを抽出することができます。

	A	B	C	D	E	F	G	H	I
1	購入ID	日付	氏名	商品コード	商品名	商品分類	単価	数量	金額
2	1	2022/1/1	柾川 なつこ	a00001	Wordで役立つビジネス文書術	Word教材	3,980	3	11,940
3	2	2022/1/9	長坂 真代子	a00002	Excelデータ分析初級職	Excel教材	4,500	10	45,000
5	4	2022/1/25	篠谷 恭緒	a00001	Wordで役立つビジネス文書術	Word教材	3,980	5	19,900
6	5	2022/2/2		a00004	超速タイピング術	パソコン教材	4,500	10	45,000
8	7	2022/2/18		a00006	PowerPointアニメーションマスター	PowerPoint教材	2,480	9	22,320
9	8	2022/2/26	水戸 瑞太	a00007	はじめからWindows入門	パソコン教材	1,980	3	5,940
11	10	2022/3/14		a00003	パソコンをウィルスから守る術	パソコン教材	3,980	10	39,800
12	11	2022/3/27	山田 大地	a00002	Excelデータ分析初級職	Excel教材	4,500	9	40,500
13	12	2022/3/30	山田 大地	a00001	Wordで役立つビジネス文書術	Word教材	3,980	2	7,960
15	14	2022/4/15	小林 アキラ	a00010	Wi-Fiでつながるインターネット超入門	パソコン教材	1,980	1	1,980
16	15	2022/4/23	吉川 貴奈	a00008	PowerPointプレゼン術	PowerPoint教材	4,200	8	33,600
17	16	2022/5/1		a00004	超速タイピング術	パソコン教材	4,500	4	18,000
18	17	2022/5/9	白川 秦優	a00011	Excelピボットテーブル完全攻略	Excel教材	3,600	7	25,200
19	18	2022/5/17	若山 佑一	a00012	Wordじっくり入門	Word教材	2,480	8	19,840
20	19	2022/5/25	山田 大地	a00001	Wordで役立つビジネス文書術	Word教材	3,980	8	31,840
21	20	2022/6/2	小林 アキラ	a00009	Excelこれから入門	Excel教材	2,480	7	17,360

補足

文字列による抽出方法まとめ

ここまで説明した、文字列による抽出方法をまとめます。

表10-2-1

抽出方法	第2引数の書き方	コード例
一致するデータ	"文字列"	商品分類が「Word教材」に一致する Range("A1").AutoFilter 6, "Word教材"
部分一致(○を含む)	「*」を使用	商品名に「入門」という文字列を含む Range("A1").AutoFilter 5, "*入門*"
パターンマッチング	「*」や「?」を使用	商品コードが「a0000x?」(?は1文字の文字列)というパターン Range("A1").AutoFilter 4, "a0000?"
空白のデータ	"="	氏名が空白になっている Range("A1").AutoFilter 3, "="
空白でないデータ	"<>"	数量が空白でない Range("A1").AutoFilter 8, "<>"

4. 数値による抽出

AutoFilterメソッドでは、数値をもとにデータ抽出できます。

- ある数値に**一致する**データを抽出(レッスン1で解説しました)
- ある数値**より大きい・小さい**データを抽出
- ある数値**以上・以下**のデータを抽出

といったことができます。

上記の1つ目については本章**レッスン1**で説明しましたが、それ以外の方法について解説していきます。

5. ある数値より大きい・小さい、以上・以下のデータを抽出する

AutoFilterメソッドを使って、ある数値より[大きい・小さい]、[以上・以下]を条件にしてデータを抽出することができます。

```
'ある数値より大きいデータを抽出
Rangeオブジェクト.AutoFilter フィールド , ">数値"

'ある数値より小さいデータを抽出
Rangeオブジェクト.AutoFilter フィールド , "<数値"

'ある数値以上のデータを抽出する
Rangeオブジェクト.AutoFilter フィールド , ">=数値"

'ある数値以下のデータを抽出する
Rangeオブジェクト.AutoFilter フィールド , "<=数値"
```

- ある数値より**大きい・小さい**という条件は、第2引数にそれぞれ">数値"、"<数値"と記述します。
- ある数値**以上・以下**という条件は、第2引数にそれぞれ**">=数値"**、**"<=数値"**と記述します。

具体的なコード例を紹介します。

[例1] [金額]列が20000より大きいデータを抽出する

```
Range("A1").AutoFilter 9, ">20000"
```

	A	B	C	D	E	F	G	H	I
1	購入ID	日付	氏名	商品コード	商品名	商品分類	単価	数量	金額
2	1	2022/1/1	相川 なつこ	a00001	Wordで役立つビジネス文書術	Word教材	3,980	3	11,940
3	2	2022/1/9	長坂 美代子	a00002	Excelデータ分析初級編	Excel教材	4,500	10	45,000
4	3	2022/1/17	長坂 美代子	a00003	パソコンをウィルスから守る術	パソコン教材	3,980		0
5	4	2022/1/25	篠原 哲雄	a00001	Wordで役立つビジネス文書術	Word教材	3,980	5	19,900
6	5	2022/2/2		a00002	超速タイピング術	パソコン教材	4,500	10	45,000
7	6	2022/2/10	布 施寛	a00005	PowerPointプレゼン術	PowerPoint教材	4,200		0
8	7	2022/2/18		a00006	PowerPointアニメーションマスター	PowerPoint教材	2,480	9	22,320
9	8	2022/2/26	水戸 陽太	a00007	はじめからWindows入門	パソコン教材	1,980	3	5,940
10	9	2022/3/6	山田 大地	a00008	初心者脱出のExcel術	Excel教材	2,480		0
11	10	2022/3/14		a00003	パソコンをウィルスから守る術	パソコン教材	3,980	10	39,800
12	11	2022/3/22	山田 大地	a00002	Excelデータ分析初級編	Excel教材	4,500	9	40,500
13	12	2022/3/30	山田 大地	a00001	Wordで役立つビジネス文書術	Word教材	3,980	2	7,960
14	13	2022/4/7	小林 アキラ	a00009	Excelこれから入門	Excel教材	2,480		0
15	14	2022/4/15	小林 アキラ	a00010	Wi-Fiでつながるインターネット超入門	パソコン教材	1,980	1	1,980
16	15	2022/4/23	吉川 真衣	a00005	PowerPointプレゼン術	PowerPoint教材	4,200	8	33,600
17	16	2022/5/1		a00004	超速タイピング術	パソコン教材	4,500	4	18,000
18	17	2022/5/9	白川 美優	a00011	Excelピボットテーブル完全攻略	Excel教材	3,600	7	25,200

例

```
Sub example10_2_5a()
    Range("A1").AutoFilter                '前回のフィルターを解除
    Range("A1").AutoFilter 9 , ">20000"
End Sub
```

- AutoFilterメソッドの第2引数に">20000"と入力することで、**20000より大きい数値**という意味になります。
- 上記の結果、**[金額]列が20000より大きいデータ**を抽出することができます。

	A	B	C	D	E	F	G	H	I
1	購入ID	日付	氏名	商品コード	商品名	商品分類	単価	数量	金額
3	2	2022/1/9	長坂 美代子	a00002	Excelデータ分析初級編	Excel教材	4,500	10	45,000
6	5	2022/2/2		a00004	超速タイピング術	パソコン教材	4,500	10	45,000
8	7	2022/2/18		a00006	PowerPointアニメーションマスター	PowerPoint教材	2,480	9	22,320
11	10	2022/3/14		a00003	パソコンをウィルスから守る術	パソコン教材	3,980	10	39,800
12	11	2022/3/22	山田 大地	a00002	Excelデータ分析初級編	Excel教材	4,500	9	40,500
16	15	2022/4/23	吉川 真衣	a00005	PowerPointプレゼン術	PowerPoint教材	4,200	8	33,600
18	17	2022/5/9	白川 美優	a00011	Excelピボットテーブル完全攻略	Excel教材	3,600	7	25,200
20	19	2022/5/25	山田 大地	a00001	Wordで役立つビジネス文書術	Word教材	3,980	8	31,840

[例2] [数量]の列が5以下のデータを抽出する

`Range("A1").AutoFilter 8, "<=5"`

	A	B	C	D	E	F	G	H	I
1	購入ID	日付	氏名	商品コード	商品名	商品分類	単価	数量	金額
2	1	2022/1/1	相川 なつこ	a00001	Wordで役立つビジネス文書術	Word教材	3,980	3	11,940
3	2	2022/1/9	長坂 美代子	a00002	Excelデータ分析初級編	Excel教材	4,500	10	45,000
4	3	2022/1/17	長坂 美代子	a00003	パソコンをウィルスから守る術	パソコン教材	3,980		0
5	4	2022/1/25	篠原 哲雄	a00001	Wordで役立つビジネス文書術	Word教材	3,980	5	19,900
6	5	2022/2/2	布 施寛	a00004	超速タイピング術	パソコン教材	4,500	10	45,000
7	6	2022/2/10		a00005	PowerPointプレゼン術	PowerPoint教材	4,200		
8	7	2022/2/18		a00006	PowerPointアニメーションマスター	PowerPoint教材	2,480	9	22,320
9	8	2022/2/26	水戸 陽太	a00007	はじめからWindows入門	パソコン教材	1,980	3	5,940
10	9	2022/3/6	山田 大地	a00008	初心者脱出のExcel術	Excel教材	2,480		0
11	10	2022/3/14		a00003	パソコンをウィルスから守る術	パソコン教材	3,980	10	39,800
12	11	2022/3/22	山田 大地	a00002	Excelデータ分析初級編	Excel教材	4,500	9	40,500
13	12	2022/3/30	山田 大地	a00001	Wordで役立つビジネス文書術	Word教材	3,980	2	7,960
14	13	2022/4/7	小林 アキラ	a00009	Excelこれから入門	Excel教材	2,480		0
15	14	2022/4/15	小林 アキラ	a00010	Wi-Fiでつながるインターネット超入門	パソコン教材	1,980	1	1,980
16	15	2022/4/23	吉川 真衣	a00005	PowerPointプレゼン術	PowerPoint教材	4,200	8	33,600
17	16	2022/5/1		a00004	超速タイピング術	パソコン教材	4,500	4	18,000
18	17	2022/5/9	白川 美優	a00011	Excelピボットテーブル完全攻略	Excel教材	3,600	7	25,200
19	18	2022/5/17	若山 佐一	a00012	Wordじっくり入門	Word教材	2,480	8	19,840
20	19	2022/5/25	山田 大地	a00001	Wordで役立つビジネス文書術	Word教材	3,980	8	31,840
21	20	2022/6/2	小林 アキラ	a00009	Excelこれから入門	Excel教材	2,480	7	17,360
22	21	2022/6/10		a00010	Wi-Fiでつながるインターネット超入門	パソコン教材	1,980	4	7,920
23	22	2022/6/18	吉川 真衣	a00005	PowerPointプレゼン術	PowerPoint教材	4,200	3	12,600
24									

例

```
Sub example10_2_5b()
    Range("A1").AutoFilter                    '前回のフィルターを解除
    Range("A1").AutoFilter 8 , "<=5"
End Sub
```

- AutoFilterメソッドの第2引数に "<=5" と入力することで、**5以下の数値**という意味になります。
- 上記の結果、**[数量]** の列が5以下のデータを抽出することができます。なお、[数値]が空白になっているセルは、抽出結果からは除外されます。

	A	B	C	D	E	F	G	H	I
1	購入ID	日付	氏名	商品コード	商品名	商品分類	単価	数量	金額
2	1	2022/1/1	相川 なつこ	a00001	Wordで役立つビジネス文書術	Word教材	3,980	3	11,940
5	4	2022/1/25	篠原 哲雄	a00001	Wordで役立つビジネス文書術	Word教材	3,980	5	19,900
9	8	2022/2/26	水戸 陽太	a00007	はじめからWindows入門	パソコン教材	1,980	3	5,940
13	12	2022/3/30	山田 大地	a00001	Wordで役立つビジネス文書術	Word教材	3,980	2	7,960
15	14	2022/4/15	小林 アキラ	a00010	Wi-Fiでつながるインターネット超入門	パソコン教材	1,980	1	1,980
17	16	2022/5/1		a00004	超速タイピング術	パソコン教材	4,500	4	18,000
22	21	2022/6/10		a00010	Wi-Fiでつながるインターネット超入門	パソコン教材	1,980	4	7,920
23	22	2022/6/18	吉川 真衣	a00005	PowerPointプレゼン術	PowerPoint教材	4,200	3	12,600

補足

数値で抽出するとき、カンマ区切りの「,」はいる/いらない?

レッスン1 の 『**4.** 一致データを抽出する際は、セルの表示形式のとおりに記述すること!』では、例えばセルの表示形式が「3,980」のようにカンマ区切りの書式になっていたら、AutoFilterメソッドの第2引数も「"3,980"」と**表示形式の通りに記述する必要がある**と説明しました。

しかし、そのルールは、一致するデータを抽出する場合に限ります。

5. のように**大小や以上・以下の条件式を書く場合には、上記のルールに該当しません。** セルの表示形式に関係なく、数値をそのまま記述します。例えば、20000以上のデータを抽出したい場合、仮にセルでは「20,000」とカンマ区切りの書式になっていたとしても、"<20000" と数値をそのまま記述します。

混乱しやすいので、もう一度まとめます。

表 10-2-2

①ある数値に**一致するデータを**抽出する場合	セルの**表示形式の通りに**引数を記述する 例：Range("A1").AutoFilter 9, "11,940"
②大小や以上／以下の**条件式を書いて抽出する場合**	セルの表示形式に関わらず、**数値をそのまま記述する** 例：Range("A1").AutoFilter 9, ">20000" （カンマ区切りや¥などは不要）

セルの表示形式がカンマ区切りになっていた場合、

- 一致データの抽出なら引数も「,」がいる
- 条件式を書くなら引数に「,」がいらない

と覚えておきましょう。

補足

数値による抽出方法まとめ

ここまでに説明した、AutoFilterメソッドで数値によって抽出する方法をまとめます。

表 10-2-3

抽出方法	第2引数の書き方	コード例
ある数値に一致	" 数値 "	単価が「3,980」に一致する Range("A1").AutoFilter 7, "3,980" (セルの表示形式に合わせて記述する必要あり)
ある数値より 大きい	" > 数値 "	金額が 20000 より大きい Range("A1").AutoFilter 9, ">20000"
ある数値より 小さい	" < 数値 "	金額が 5000 より小さい Range("A1").AutoFilter 9, "<5000"
ある数値以上	" >= 数値 "	数量が 7 以上 Range("A1").AutoFilter 8, ">=7"
ある数値以下	" <= 数値 "	数量が 5 以下 Range("A1").AutoFilter 8, "<=5"

6. 日付による抽出

AutoFilterメソッドでは、日付をもとにデータ抽出できます。

- ある日付に**一致する**データを抽出
- ある日付**より後の／前の**データを抽出
- ある日付**以降／以前**のデータを抽出

といったことができます。それぞれの方法について解説していきます。

7. ある日付に一致するデータを抽出する

AutoFilterメソッドを使って、**ある日付に一致するデータ**を抽出することができます。

```
Rangeオブジェクト.AutoFilter フィールド , "日付"
```

- 第2引数に日付を記述します。
- 日付は、セルの表示形式の通りに記述します。例えば、セルの表示形式が "2022/1/1" のように "yyyy/m/d" 形式ならば、引数も同じ形式で記述します。

以下に具体的なコード例を紹介します。

[例1][日付]の列が「2022/1/1」に一致するデータを抽出する

例

```
Sub example10_2_7()
    Range("A1").AutoFilter                '前回のフィルターを解除
    Range("A1").AutoFilter 2, "2022/1/1"
End Sub
```

- AutoFilterメソッドの第2引数に "2022/1/1" と入力することで、日付が一致する データを抽出できます。

	A	B	C	D	E	F	G	H	I
1	購入ID	日付	氏名	商品コード	商品名	商品分類	単価	数量	金額
2	1	2022/1/1	相川 なつこ	a00001	Wordで役立つビジネス文書術	Word教材	3,980	3	11,940

補足

一致する日付の場合は、セルの表示形式の通りに記述する！

レッスン1の『4. 一致データを抽出する際は、セルの表示形式のとおりに記述すること！』にて説明しましたが、日付データを抽出する場合も、同様に注意する必要があります。

元の日付は同じでも、セルの表示形式によっては「2022/1/1」「2022/01/01」「2022年1月1日」「令和4年1月1日」など様々な形式で表示されます。

AutoFilterメソッドで日付の一致データを抽出する場合、第2引数は、**セルの表示形式の通りに記述する**必要があります。例えば、セルの表示形式が「令和4年1月1日」のような形式になっている場合、**AutoFilterメソッドの第2引数にも"令和4年1月1日"と記述する必要があります。**

8. 日付の前後、以前/以降のデータを抽出

AutoFilterメソッドを使って、日付の前後、以前・以降のデータを抽出するコードは以下です。

```
'ある日付より後のデータを抽出
Rangeオブジェクト.AutoFilter フィールド , ">yyyy/m/d"

'ある日付より前のデータを抽出
Rangeオブジェクト.AutoFilter フィールド , "<yyyy/m/d"

'ある日付以降のデータを抽出
Rangeオブジェクト.AutoFilter フィールド , ">=yyyy/m/d"

'ある日付以前のデータを抽出
Rangeオブジェクト.AutoFilter フィールド , "<=yyyy/m/d"
```

● 条件式の日付は、yyyy/m/d形式で記述します（yyyyは西暦の年、mは月、dは日を記述します）。例えば"2022/1/1"や"2022/10/3"のような形式です。

- なお、セルの表示形式がyyyy/m/d**でない場合でも、条件式には必ず**yyyy/m/d形式で記述する必要がある点に注意しましょう（次ページの「補足」を参照）。

以下に具体的なコード例を紹介します。

[例1] [日付]の列が「2022/4/7」より後のデータを抽出する（2022/4/7当日のデータは含まないこと）

```
Sub example10_2_8a()
    Range("A1").AutoFilter          '前回のフィルターを解除
    Range("A1").AutoFilter 2, ">2022/4/7"
End Sub
```

- AutoFilterメソッドの第2引数に">2022/4/7"と入力することで、2022/4/7**より後のデータを抽出します。**

	A	B	C	D	E	F	G	H	I
1	購入ID	日付	氏名	商品コード	商品名	商品分類	単価	数量	金額
15	14	2022/4/15	小林 アキラ	a00010	Wi-Fiでつながるインターネット超入門	パソコン教材	1,980	1	1,980
16	15	2022/4/23	吉川 真衣	a00005	PowerPointプレゼン術	PowerPoint教材	4,200	8	33,600
17	16	2022/5/1		a00004	超速タイピング術	パソコン教材	4,500	4	18,000
18	17	2022/5/9	白川 美優	a00011	Excelピボットテーブル完全攻略	Excel教材	3,600	7	25,200
19	18	2022/5/17	若山 佐一	a00012	Wordじっくり入門	Word教材	2,480	8	19,840
20	19	2022/5/25	山田 大地	a00001	Wordで役立つビジネス文書術	Word教材	3,980	8	31,840
21	20	2022/6/2	小林 アキラ	a00009	Excelこれから入門	Excel教材	2,480	7	17,360
22	21	2022/6/10		a00010	Wi-Fiでつながるインターネット超入門	パソコン教材	1,980	4	7,920
23	22	2022/6/18	吉川 真衣	a00005	PowerPointプレゼン術	PowerPoint教材	4,200	3	12,600

[例2] [日付]の列が「2022/2/26」以前のデータを抽出する（2022/2/26当日のデータも含む）

```
Sub example10_2_8b()
    Range("A1").AutoFilter          '前回のフィルターを解除
    Range("A1").AutoFilter 2, "<=2022/2/26"
End Sub
```

- AutoFilterメソッドの第2引数に"<=2022/2/26"と入力することで、<=2022/2/26以前のデータを抽出します。

	A	B	C	D	E	F	G	H	I
1	購入ID	日付	氏名	商品コード	商品名	商品分類	単価	数量	金額
2	1	2022/1/1	相川 なつこ	a00001	Wordで役立つビジネス文書術	Word教材	3,980	3	11,940
3	2	2022/1/9	長坂 美代子	a00002	Excelデータ分析初級編	Excel教材	4,500	10	45,000
4	3	2022/1/17	長坂 美代子	a00003	パソコンをウィルスから守る術	パソコン教材	3,980		0
5	4	2022/1/25	篠原 哲雄	a00001	Wordで役立つビジネス文書術	Word教材	3,980	5	19,900
6	5	2022/2/2		a00004	超速タイピング術	パソコン教材	4,500	10	45,000
7	6	2022/2/10	布 施寛	a00005	PowerPointプレゼン術	PowerPoint教材	4,200		0
8	7	2022/2/18		a00006	PowerPointアニメーションマスター	PowerPoint教材	2,480	9	22,320
9	8	2022/2/26	水戸 陽太	a00007	はじめからWindows入門	パソコン教材	1,980	3	5,940

補足

日付で抽出するとき、セルの表示形式に合わせる/合わせない?

先述の『[補足] 一致する日付の場合は、セルの表示形式の通りに記述する!』では、例えばセルの表示形式が「令和4年1月1日」のような書式になっていたら、AutoFilterメソッドの第2引数にも「"令和4年1月1日"」と表示形式の通りに記述する必要があると説明しました。しかし、そのルールは、**一致するデータを抽出する場合に限ります。**

8. のように日付の**前後や以前・以降の条件式を書く場合には、上記のルールには該当しません。**

セルの表示形式に関わらず、日付はyyyy/m/dの書式で記述します。

例えば、2022/1/1以前のデータを抽出したい場合、仮にセルでは「令和4年1月1日」という表示形式になっていたとしても、**"=<2022/1/1"** という形式で記述します。

混乱しやすいので、もう一度まとめます。

表10-2-4

①ある日付に**一致する****データ**を抽出する場合	セルの**表示形式の通りに**引数を記述する 例:Range("A1").AutoFilter 2, "令和4年1月1日"
②**前後や以前・以降****の条件式を**書いて抽出する場合	セルの表示形式に関わらず、**日付はyyyy/m/dの書式で記述**する 例:Range("A1").AutoFilter 2, "<=2022/1/1"

補足

日付による抽出方法まとめ

ここまでに説明した、AutoFilterメソッドで日付によって抽出する方法をまとめます。

表 10-2-5

抽出方法	第2引数の書き方	例
ある日付に一致	" 日付 "	日付が 2022/1/1に一致 `Range("A1").AutoFilter 2, "2022/1/1"` （セルの表示形式にしたがって記述する必要あり）
ある日付より後	">yyyy/m/d"	日付が 2022/4/7より後 `Range("A1").AutoFilter 2, ">2022/4/7"`
ある日付より前	"<yyyy/m/d"	日付が 2022/4/7より前 `Range("A1").AutoFilter 2, "<2022/4/7"`
ある日付以降	">=yyyy/m/d"	日付が 2022/2/26以降 `Range("A1").AutoFilter 2, ">=2022/2/26"`
ある日付以前	"<=yyyy/m/d"	日付が 2022/2/26以前 `Range("A1").AutoFilter 2, "<=2022/2/26"`

第**10**章 ∨ フィルターによるデータ抽出 欲しいデータを自在に取得

確認問題

XLSM 教材ファイル「10章レッスン２確認問題.xlsm」を使用します。

	A	B	C	D	E	F
1						
2		売上日	店舗	商品型番	販売単価	売上数量
3		2021/04/07	KC	D88-F-PPL	30,320	14
4		2021/04/13	KJ	T32-S-RED	18,600	15
5		2021/04/17	KC	Y46-M-RED	25,200	14
6		2021/04/25	SJ	J01-T-PPL	25,000	15
7		2021/05/01	KC	L01-T-RED	52,000	15
8		2021/05/07	SJ	D88-F-BLK	14,980	9
9		2021/05/13	YH	Y46-M-GRN	23,000	6
10		2021/05/19	KJ	Q81-S-BLU	28,500	10
11		2021/05/27	KJ	J01-T-PPL	25,000	14
12		2021/05/31	HO	J01-T-PPL	25,000	6
13		2021/06/06	AK	Z20-M-BLU	9,800	6

▶ 動画レッスン10-2t

https://excel23.com/
vba-juku/chap10-
lesson2test/

1. 表において、次の条件に一致するデータを抽出してください。

   フィールド：[商品型番] 列

   基準：文字パターンが、"-T-" の前と後ろにそれぞれ３文字の文字列があるパターンに一致する（例えば、"A00-T-XYZ"や、"G99-T-AAA"といった文字列が抽出されること）

   ※上記の処理の前に、前回のフィルターを解除するコードも書いてください。

2. 表において、次の条件に一致するデータを抽出してください。

   フィールド：[販売単価] 列

   基準：25000 以上である

   ※上記の処理の前に、前回のフィルターを解除するコードも書いてください。

3. 表において、次の条件に一致するデータを抽出してください。

   フィールド：[売上日] 列

   基準：2021/5/7 以降である

   ※上記の処理の前に、前回のフィルターを解除するコードも書いてください。

※模範解答は、375ページに掲載しています。

第11章

シートの操作

第11章

イントロダクション

ここからは「シートの操作」について学んでいこう!
Excel実務では、複数のシートを使って作業することがよくある
よね。
VBAでシートを操作すれば、
・シートの追加・複製・移動・削除するなどの処理
・複数のシート間でのやり取り
・複数のシートの一括処理
といったことも自動化できるんだ!

なるほど! 知りたいッス!
シートを操作するって、どうやるッスか?

セルを操作するのと同じように、シートも「オブジェクト」として
操作できるんだ!
また、オブジェクトには「プロパティ(状態)」と「メソッド(命
令)」があると4章で話したよね。シートも同様で、プロパティや
メソッドがあるので、それを利用して操作することもできるんだ。

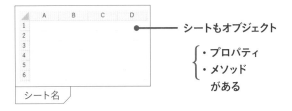

ほうほう!
・シートはオブジェクトとして操作できる。
・シートにもプロパティ(状態)やメソッド(命令)がある。
ということッスね!

その通り! さっそく、これらのことを学んでいこう!

レッスン**1**
シートの指定

1. シートを指定するには「Sheets」を使う

シートを指定するには、以下のようなコードを記述します。

https://excel23.com/
vba-juku/chap11-
lesson1/

書式

```
Sheets("シート名")        'シート名で指定する場合
Sheets(番号)              '番号で指定する場合
```

● 「シート名」とは、"Sheet1"のようにシートにつけられた名前のことです。

● シートの「番号」とは、ブックにある一番左のシートから順番に「1、2、3…」と自動的に割り振られる番号のことです（番号のことをIndexともいいます）。

● 例えば右の図のようにブックに5つのシートがある場合、左から順番に1、2、3、4、5という番号が割り振られます。

● なお、非表示になっているシートも番号をカウントされるので注意しましょう。

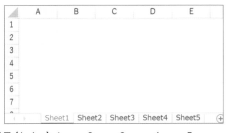

以下に具体的なコード例を紹介します。

[例1] シート名「Sheet2」のシートをアクティブ（操作対象）にする

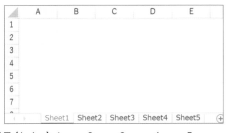

第**11**章 シートの操作

```
Sub example11_1_1a()
    Sheets("Sheet2").Activate    'シートをアクティブにする
End Sub
```

- 引数には、シート名の"Sheet2"を指定しています。
- 「.Activate」とは、指定のシートをアクティブ（操作対象）にするメソッドです。
- 上記を実行すると、「Sheet2」が選択された状態になり、そのシートが画面に表示されます。

[例2] 3番目のシートをアクティブにする

```
Sub example11_1_1b()
    Sheets(3).Activate
End Sub
```

- 引数には、番号「3」を指定しています。
- 上記の結果、左端から3番目のシートがアクティブになります。

シートの番号（Index）は変化する

「シートを移動して順番を入れ替えたら、シートの番号（Index）も変わりますか？」という質問をよくいただきます。答えは、その通りです。番号も変わります。例えば元々1番目にあったシートを、3番目に移動すると、そのシートの番号は「3」に変化します。それによって、元々コードに書いている番号と現実の番号に差が生まれてしまうことがあるため、注意が必要です。

Sheetsの代わりに「Worksheets」でも問題ない？

他の書籍やネットなどには「Sheets」でなく「Worksheets」と書かれていることもあります。「Sheets」と「Worksheets」の使い方は似ていますし、たいていの場合、Sheetsと書いてもWorksheetsと書いても問題ありません。ただし、それらの違いは押さえておきましょう。

①「Sheets」は、すべての種類のシートを含めて指定します。実はExcelのシートには様々な種類があります。ワークシート（通常の表計算のシート）、グラフシート（グラフ専用のシート）、その他の種類のシートが存在します。**VBAで「Sheets」と記述した場合は、それらすべての種類のシートを含めて指定できます。**

②「Worksheets」は、①の中でも**ワークシート（表計算用のシート）だけを指定**します。

では、どのように使い分ければいいでしょうか？

もし、すべてワークシートだけで構成されているブックを処理するのなら、コードは「Sheets」と記述しても「Worksheets」と記述しても特に問題ありません。しかし、例えばワークシートとグラフシートが両方含まれているブックの場合、「Sheets」と記述すればすべての種類のシートを指定できますが、「Worksheets」と記述すると、ワークシートだけしか指定できません。

※本書では、キーワードが短くて記述しやすい「Sheets」に統一してコードを記述します。

2. シートの中のセルを指定する

シートの中のセルを指定するには、以下のように記述します。

書式

```
Sheets(引数).[RangeやCellsなど]
       シート       セル
```

- 「Sheets(引数)」でシートを指定し、「.」以降でセルを指定します。
- セルの指定は、「Range」や「Cells」などで指定できます。また、「Rows」で行を指定したり、「Columns」で列を指定することもできます。

以下に具体的なコード例を紹介します。

[例1] シート名が「Sheet2」というシートのセルD9に「10」という値を代入する

例

```
Sub example11_1_2a()
    Sheets("Sheet2").Range("D9").Value = 10
            シート              セル
End Sub
```

- 「Sheets("Sheet2")」でシート名を指定し、「Range("D9")」でセルを指定しています。

[例2] 3番目のシートの中のCells(9,"D")に「30」という値を代入する

例

```
Sub example11_1_2b()
    Sheets(3).Cells(9,"D").Value = 30
        シート        セル
End Sub
```

- 「Sheets(3)」で3番目のシートを指定し、「Cells(9,"D")」でセルを指定しています。

[例3]2番目のシートの3行目の値をクリアする（`ClearContents`メソッドを使用）

例

```
Sub example11_1_2c()
    Sheets(2).Rows(3).ClearContents
         シート      行
End Sub
```

- 「`Sheets(2)`」で2番目のシートを指定し、「`Rows(3)`」で3行目を指定しています。
- 「`.ClearContents`」は、値のみをクリアするメソッドです。

補足

「ブック.シート.セル」の階層構造

「シート」と「セル」は階層構造になっており、「シートの下にセルがある」と考えることができます。したがって、コードも上の階層から下へ順番に「.」でつなげて記述します。

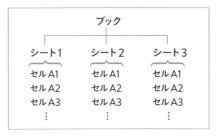

書式

```
Sheets(引数).[RangeやCellsなど]
      シート        セル
```

余談ですが、「第12章 ブックの操作」では、さらに「ブック」も加えて3つの階層と考えるため、以下のようにコードを記述します。

書式

```
Workbooks(引数).Sheets(引数).[RangeやCellsなど]
      ブック          シート         セル
```

なお、ブックを指定するコードについては第12章で詳しく解説します。

行を指定するには「Rows」、列を指定するには「Columns」

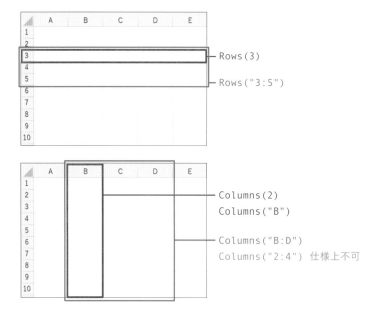

行や列を指定するには、以下の書式で記述します。

書式

```
Rows(行番号)          '行を指定する
Columns(列番号)       '列を指定する
```

- 行番号は、シートの上端から「1、2、3…」と数えた数値で行を指定できます。
- 行番号は、"3:5"のように記述すると3～5行目を複数指定できます。このとき、""で囲って文字列として記述する必要があります。
- 列番号は、シートの左端から「1、2、3…」と数えた数値で列を指定できます。
- 列番号は、"A"や"B"のように列名を指定することもできます("" で囲う必要あり)。
- 列番号は、"B:D"のように記述するとB～D列を範囲指定できます ("" で囲う必要あり)。
- ただし、"2:4"のように番号で範囲指定することは仕様上できません。

行や列は、セルと同様に、オブジェクトとして操作することができます。

以下は、行や列のプロパティやメソッドのうち、実務的によく使うものの一覧です。

表11-1-1

プロパティやメソッド	説明
ClearContents メソッド	値をクリアする
Copy メソッド	コピーする
NumberFormatLocal プロパティ	表示形式を取得または設定する
AutoFit メソッド	行の高さや列幅を自動調整する
RowHeight プロパティ	行の高さを取得または設定する
ColumnWidth プロパティ	列幅を取得または設定する

※上記のプロパティやメソッドの詳しい利用方法については、ダウンロードPDF教材にて、解説しています。連動する動画レッスンもあるので、そちらもご覧ください(ダウンロード元はⅲページ参照)。

3. アクティブなシートを指定する(ActiveSheet)

現在アクティブな(操作対象の)シートを指定するには「ActiveSheet」と記述します(「Sheets」のように複数形の「s」が付かないので注意してください)。

[例] アクティブなシートのセルA1を選択する(Selectメソッド)

例

```
Sub example11_1_3()
    ActiveSheet.Range("A1").Select
End Sub
```

● 上記の結果、現在アクティブなシートのセルA1が選択されます。

補足

シートを省略すると自動的にアクティブなシートを指定する

シートを省略した場合は、**自動的にアクティブな（現在、操作対象の）シートを指**
定することになります。例えば、以下のコード例を見てみましょう。

[例1] セルA1を選択する

```
例

                Range("A1").Select
（シートを省略）      セル
```

- シートの指定を省略し、「Range("A1")」とセルA1を指定しています。
- このようにシートを省略した場合は、自動的にアクティブなシートを指定した
  ことになります。
- したがって、[例2] のように記述するのと結果は同じになります。

[例2] アクティブなシートのセルA1を選択する

```
例

  ActiveSheet.Range("A1").Select
  アクティブなシート    セル
```

- 「ActiveSheet」でアクティブなシートを指定しており、「Range("A1")」
  でセルA1を指定しています。

つまり、シートを省略した場合は、自動的に「ActiveSheet」と書いたのと同
じ結果になるということを覚えておきましょう。

本書のこれまでの解説でも、シートを省略してセルだけを指定するコードが多く
登場しています。その場合は、自動的にアクティブなシートが指定されるものと理
解しましょう。

Sheetsは「コレクション」だから複数形の「s」がつく

なぜ、「Sheets」というコードは複数形の「s」がつくのでしょうか？ それは、Sheetsは「コレクション」の一種だからです。コレクションとは、**同じ種類のオブジェクトの集合**のことです。

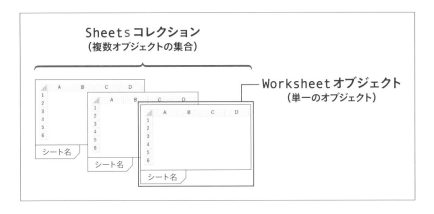

- シート全体の集合のことを「Sheetsコレクション」といいます。
- その中の単一のシートのことを「Worksheetオブジェクト」といいます。

例えば、コードで「Sheets("シート名")」や「Sheets(番号)」などと記述した場合は、**Sheetsコレクションという集合の中から、単一のWorksheetオブジェクトを取得する**という意味になります。だから、Sheetsは複数形の「s」がつくのだと考えると理解しやすいでしょう。

なお、VBA初心者のうちは「Sheetsコレクション」「Worksheetオブジェクト」という言葉を普段から意識しなくても構いません。ひとまず「Sheets("シート名")」や「Sheets(番号)」というコードを書けばシートを指定できるということだけ押さえておきましょう。

第11章　シートの操作

4. 実践！ 別シートへ転記しよう

実務でよくある、**セル範囲を別シートへ転記する処理**を行う方法を解説します。

ここでは以下の図のように、Sheet1のセル範囲B9:E28をSheet2のセル範囲B9:E28へ転記するコードを紹介します。このとき、次のような2種類の方法を紹介します。

① Copyメソッドを使う方法
② 値を直接代入する方法

Sheet1のセル範囲B9:E28をSheet2のセル範囲B9:E28へ転記

[例1] ① Copyメソッドを使う方法

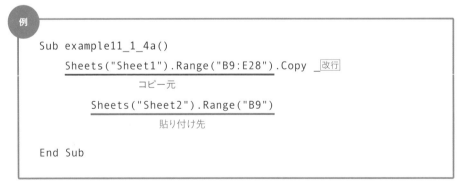

例

```
Sub example11_1_4a()
    Sheets("Sheet1").Range("B9:E28").Copy _改行
                コピー元
        Sheets("Sheet2").Range("B9")
                貼り付け先

End Sub
```

- Copyメソッドを使用して、コピー元から貼り付け先に転記しています。
- 「Sheets("Sheet1").Range("B9:E28")」でコピー元のセル範囲を指定しています。

258

- 「Sheets("Sheet2").Range("B9")」で貼り付け先のセルを指定しています。
- 上記の結果、Sheet1のセル範囲B9:E28をコピーしてSheet2のB9:E28へ貼り付けることができます。

[例2] ② 値を直接代入する方法

```
Sub example11_1_4b()
    Sheets("Sheet2").Range("B9:E28").Value = _ 改行
        代入される側のセル範囲
        Sheets("Sheet1").Range("B9:E28").Value
            左辺に値を代入する
End Sub
```

- 左辺のセル範囲に、右辺のセル範囲の値を代入するコードです。
- **左辺 ← 右辺** の方向に値を代入する式なので、左辺でSheet2のセル範囲B9:E28を指定している点に注意しましょう。

コラム

「Activate」と「Select」、何が違うの？

よくいただく質問として「シートをアクティブにするとき、Sheets(引数).ActivateではなくてSheets(引数).Selectと記述したのですが、エラーにならず実行できました。 **.Activateと.Selectは同じなんですか?**」という質問があります。

結論からいいますと、「.Activateと.Selectは**厳密には違います**。でも、単一シートで実行した場合の結果はほぼ同じです。」という回答になります。

これら2つは、

- **Activate メソッド** ＝対象を**アクティブ**にする
- **Select メソッド** ＝対象を**選択**する

という意味があるのですが、一見すると違いがよくわかりません。

それらの意味が分かりやすいように、

①**セルを対象とする場合**の「Activate」と「Select」の違い

②**シートを対象とする場合**の「Activate」と「Select」の違い

を比較してみます。

①**セルを対象とする場合**の「Activate」と「Select」の違い

Excelでは、**セル範囲を選択**しながら、単一のセルを操作することができます。試しに、マウスとキーボードを使って次のような操作をしてみましょう。

1 マウスでセル範囲をドラッグして選択する（❶）

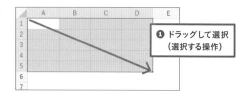

2 そのままTabキーを押す（❷）と、操作対象のセルが移動していく

上記の操作は、

1 は、セル範囲を「**選択する**」処理（Selectメソッドと同じ）

2 は、セルを「**アクティブにする**」処理（Activateメソッドと同じ）

を行っているということです。

1 の選択する処理は、**複数セル**を対象にすることができます。

2 のアクティブにする処理は、**単一のセル**しか対象にできません。

VBAにおいても、

- セルを**選択する**処理（Selectメソッド）は、複数セルの範囲を対象にすることができます（❸）。
- セルを**アクティブにする**処理（Activateメソッド）は、単一のセルしか対象にできません（❹）。

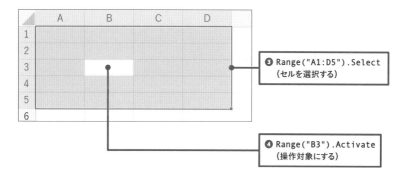

❸ Range("A1:D5").Select
（セルを選択する）

❹ Range("B3").Activate
（操作対象にする）

なお、VBAでセルを操作する際には、複数セルを範囲選択することが多いので、**どちらかといえばSelectメソッドの方が使う機会が多い**といえます。

ただし、単一のセルが対象だった場合は、「Select」を使っても「Activate」を使っても同じ結果になります。その理由は、単一のセルを**選択**すれば自動的にそのセルが**アクティブ**にもなりますし、その逆もまた同様だからです。

②シートを対象とする場合の「Activate」と「Select」の違い

Excelでは**複数のシートを同時に選択**しながら、単一のシートを操作することができます。

試しに、マウスとキーボードを使って次のような操作をしてみましょう。

3 Ctrlキーを押しながらシート名を複数クリックして複数シートを選択する（❺）

❺ Ctrl+クリックで複数選択
（選択する操作）

4 選択中のシートのうち1つをクリックして、操作対象にする（❻）

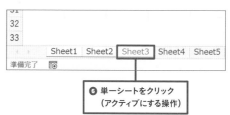

❻ 単一シートをクリック
（アクティブにする操作）

上記の操作は、

3 は、シートを「**選択する**」処理（Selectメソッドと同じ）

4 は、シートを「**アクティブにする**」処理（Activateメソッドと同じ）

を行っているということです。

3 の選択する処理は、複数シートを対象にすることができます。

4 のアクティブにする処理は、単一のシートしか対象にできません。

VBAにおいても、

- シートを**選択する**処理（Selectメソッド）は、複数シートの範囲を対象にすることができます（**7**）。

- シートを**アクティブにする**処理（Activateメソッド）は、単一のシートしか対象にできません（**8**）。ちなみに、VBAで**複数シートを選択**するには「Sheets(Array(1,2,3)).Select」のように記述します。

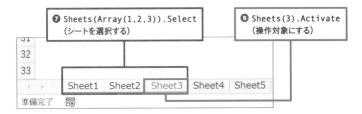

VBAでシートを操作する際には、単一のシートを操作することの方が多いため、**どちらかといえばActivateメソッドの方が使う機会が多いといえます。**

ただし、単一のシートが対象だった場合は、「Select」を使っても「Activate」を使っても同じ結果になります。その理由は、単一のシートを選択すれば自動的にそのシートがアクティブにもなりますし、その逆もまた同様だからです。

・ブックの場合はActivateメソッドしかない

ブックの操作方法については本書の第12章で詳しく扱います。

ブックについては、セルやシートとは違って、Activateメソッドしかありません。Selectメソッドは存在しないので、どちらを使うべきか迷う必要はないと言えるでしょう。

確認問題

XLSM 教材ファイル「11章レッスン1確認問題.xlsm」を使用します。

▶ 動画レッスン11-1t

https://excel23.com/
vba-juku/chap11-
lesson1test/

Sheet1

No.	売上年月日	販売店コード	販売店	担当者コード	担当者	機種	販売単価	数量	売上額
1	2021/12/1	3003		207	田中安英	N 244	24,300	16	388,800
2	2021/12/2	3003	東京	207	田中安英	C 481	36,200	14	506,800
3	2021/12/2	3002	新横	207	田中安英	N 244	19,800	6	118,800
4	2021/12/2	3001		209	山崎平国	C 481	36,200	17	615,400
5	2021/12/3	3003	東京	207	田中安英	C 481	36,200	17	615,400
6	2021/12/3	3002	有楽町	208	土屋桜	C 481	36,200	18	651,600
7	2021/12/4	3001	新横	209	山崎平国	R 741	24,300	13	315,900
8	2021/12/4	3001	東京	209	山崎平国	R 741	24,300	8	194,400
9	2021/12/5	3003	新横	209	山崎平国	R 741	24,300	6	145,800
10	2021/12/5	3002	有楽町	208	土屋桜	C 481	36,200	9	325,800
11	2021/12/5	3002	有楽町	209	山崎平国	C 481	36,200	12	434,400
12	2021/12/5	3002	有楽町	207	田中安英	C 481	36,200	10	362,000
13	2021/12/6	3001	東京	208	土屋桜	N 244	19,800	8	158,400
14	2021/12/6	3002	新横	209	山崎平国	N 244	19,800	16	316,800
15	2021/12/6	3003	東京	209	山崎平国	N 244	19,800	10	198,000
16	2021/12/7	3003	新横	209	山崎平国	C 481	36,200	19	687,800
17	2021/12/7	3003	新横	207	田中安英	N 244	19,800	14	277,200
18	2021/12/8	3001	新横	209	山崎平国	C 481	36,200	7	253,400
19	2021/12/8	3001	有楽町	207	田中安英	N 244	19,800	5	99,000

Sheet1　Sheet2　Sheet3

Sheet2

No.	売上年月日	販売店コード	販売店	担当者コード	担当者	機種	販売単価	数量	売上額
1	2021/11/1	3003	新横	208	土屋桜	R 741	24,300	16	388,800
2	2021/11/1	3003	東京	207	田中安英	R 741	24,300	14	340,200
3	2021/11/2	3002	東京	209	山崎平国	N 244	19,800	19	376,200
4	2021/11/3	3001	新横	207	田中安英	C 481	36,200	14	506,800
5	2021/11/3	3001	新横	207	田中安英	R 741	24,300	18	437,400
6	2021/11/3	3001	有楽町	207	田中安英	C 481	36,200	15	543,000
7	2021/11/4	3002	東京	209	山崎平国	R 741	24,300	6	145,800
8	2021/11/4	3001	有楽町	207	田中安英	N 244	19,800	17	336,600
9	2021/11/5	3001	有楽町	208	土屋桜	C 481	36,200	18	651,600
10	2021/11/5	3001	有楽町	209	山崎平国	C 481	36,200	15	543,000
11	2021/11/6	3001	東京	209	山崎平国	C 481	36,200	17	615,400
12	2021/11/6	3002	有楽町	209	山崎平国	C 481	36,200	17	615,400
13	2021/11/6	3002	有楽町	209	山崎平国	C 481	36,200	7	253,400
14	2021/11/7	3001	東京	209	山崎平国	C 481	36,200	8	289,600
15	2021/11/8	3002	東京	209	山崎平国	N 244	19,800	10	198,000
16	2021/11/8	3002	東京	207	田中安英	N 244	19,800	12	237,600
17	2021/11/9	3001	新横	208	土屋桜	R 741	24,300	11	267,300
18	2021/11/10	3003	東京	208	土屋桜	C 481	36,200	6	217,200
19	2021/11/11	3002	有楽町	208	土屋桜	C 481	36,200	13	470,600

Sheet1　Sheet2　Sheet3

Sheet3

No.	売上年月日	販売店コード	販売店	担当者コード	担当者	機種	販売単価	数量	売上額
1	2021/10/1	3001	東京	209	山崎平国	R 741	24,300	19	461,700
2	2021/10/2	3002	有楽町	208	土屋桜	R 741	24,300	18	437,400
3	2021/10/2	3002	東京	208	土屋桜	R 741	24,300	18	437,400
4	2021/10/3	3001	有楽町	208	土屋桜	R 741	24,300	5	121,500
5	2021/10/3	3003	新横	209	山崎平国	N 244	19,800	12	237,600
6	2021/10/4	3002	有楽町	207	田中安英	N 244	19,800	7	138,600
7	2021/10/4	3003	有楽町	207	田中安英	R 741	24,300	14	340,200
8	2021/10/5	3003	新横	207	田中安英	C 481	36,200	9	325,800
9	2021/10/5	3002	東京	208	土屋桜	N 244	19,800	13	257,400
10	2021/10/6	3003	有楽町	208	土屋桜	C 481	36,200	18	651,600
11	2021/10/6	3002	有楽町	209	山崎平国	C 481	36,200	6	217,200
12	2021/10/6	3003	新横	207	田中安英	R 741	24,300	4	97,200
13	2021/10/6	3001	有楽町	209	山崎平国	R 741	24,300	8	194,400
14	2021/10/6	3003	新横	209	山崎平国	C 481	36,200	9	325,800
15	2021/10/6	3003	東京	207	田中安英	N 244	19,800	7	138,600
16	2021/10/6	3003	有楽町	208	土屋桜	N 244	19,800	4	79,200
17	2021/10/7	3003	有楽町	207	田中安英	C 481	36,200	8	289,600
18	2021/10/8	3001	新横	208	土屋桜	R 741	24,300	4	97,200
19	2021/10/9	3001	東京	207	田中安英	C 481	36,200	8	289,600

Sheet1　Sheet2　Sheet3

第11章　▼　シートの操作

1. 2番目のシートをアクティブにしてください。

2. シート名が "Sheet1" のシートのセル D2 に " 東京 " という文字列を代入して
   ください。

3. 3番目のシートをアクティブにし、アクティブなシートのセル範囲 A2:J20 の値
   をクリアしてください。

4. シート名 "Sheet1" のシートのセル範囲 A2:J20 をコピーし、シート名
   "Sheet3" のシートのセル A2 に貼り付けてください。

※模範解答は、376 ページに掲載しています。

★★☆

レッスン **2**

シートの操作

XLSm 教材ファイル「11章レッスン 2.xlsm」を使用します。 ▶ 動画レッスン11-2

1. シートの追加（Add メソッド）

新しいシートを挿入するには、Add メソッドを使用します。

Add メソッドは、引数によって、シートを挿入する場所を指定するこ
とができます。

https://excel23.com/
vba-juku/chap11-
lesson2/

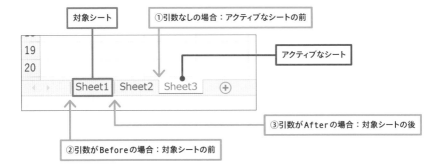

```
Sheets.Add              '①(引数なし)アクティブなシートの1つ前に挿入
Sheets.Add Before:=対象シート      '②対象シートの1つ前に挿入
Sheets.Add After:=対象シート       '③対象シートの1つ後ろに挿入
```

- ① 引数を省略した場合は、現在アクティブなシートの1つ前に挿入されます。
- ②「Before:=」に続けて対象シートを指定すると、そのシートの1つ前に挿入されます。
- ③「After:=」に続けて対象シートを指定すると、そのシートの1つ後ろに挿入されます。
- 「対象シート」は、Sheets(引数) などのコードで指定することができます。

「Sheets.Add」の代わりに「Worksheets.Add」と記述しても同様にシートを挿入することができます。

以下に、具体的なコード例を紹介します。

[例1] シートを挿入する。場所は、現在アクティブなシートの1つ前とする

例

```
Sub example11_2_1a()
    Sheets.Add
End Sub
```

- 「Sheets.Add」とだけ記述し、引数を省略した場合、現在アクティブなシートの1つ前に新しいシートが挿入されます。
- 例えば、現在「Sheet1」という名前のシートがアクティブな状態で上記のコードを実行すると、「Sheet1」の左側に新しいシートが挿入されます。

[例2] シートを挿入する。場所は、シート名「Sheet3」の1つ後ろとする

```
Sub example11_2_1b()
    Sheets.Add After:=Sheets("Sheet3")
End Sub
```

- 引数を「After:=Sheets("Sheet3")」とした場合、シート名「Sheet3」のシートの右側に新しいシートが追加されます。

 シートを挿入した直後は、挿入された新しいシートがアクティブな状態になります。

 挿入された新しいシートの名前は、自動的に「Sheet4」「Sheet5」など、連番のついた「Sheet●」という名前になります。

2. シートの削除（Deleteメソッド）

シートを削除するには、Deleteメソッドを使用します。

```
対象シート.Delete
```

```
Sheets(1).Delete
```

- 「対象シート」は、Sheets(引数)などのコードで記述します。
- コードを実行すると、「このシートは完全に削除されます。続けますか?」という警告が表示され、「削除」をクリックするとシートが削除されます。

 「Sheets(引数).Delete」の代わりに「WorkSheets(引数).Delete」でも可能です。

 ブックに1つしかシートが存在していない場合は、シートを削除することができません。

以下に具体的なコードを紹介します。

[例] シート名「Sheet1」のシートを削除する

```
Sub example11_2_2()
    Sheets("Sheet1").Delete
End Sub
```

- 「Sheets("Sheet1")」というコードで、シート名が"Sheet1"のシートを指定しています。
- 上記の結果、「このシートは完全に削除されます。続けますか?」という警告が表示され、「削除」をクリックするとシートが削除されます。

3. シートを強制的に削除するには?

2.で紹介したDeleteメソッドを実行すると、警告メッセージが表示され、「削除」ボタンか「キャンセル」ボタンのいずれかを押すまではマクロが中断されてしまうというデメリットがあります。

そこで、**警告を表示させることなく、強制的にシートを削除するコード例**を紹介します。

[例] シート番号「1」のシートを削除する（警告表示をせず、強制的に削除する）

```
Sub example11_2_3()
    Application.DisplayAlerts = False    '警告表示をオフにする
    Sheets(1).Delete
    Application.DisplayAlerts = True     '警告表示をオンに戻す
End Sub
```

「Application.DisplayAlerts」というプロパティを利用すると、Excelの警告表示のオン/オフを切り替えることができます。既定では「True」が代入されていることで警告がオンになっていますが、「False」を代入すると警告をオフにすることができます。

書式

```
Application.DisplayAlerts = TrueまたはFalse
```

[例] のように、シートを削除する前に「False」を代入しておけば、シートを削除する際にも警告が表示されなくなります。**ただし、シートを削除した後、「True」を代入してもう一度警告表示をオンに戻すことを忘れないようにしましょう。**

4. シートの名前を変更する（Nameプロパティ）

Name プロパティを使って、シートの名前を変更したり取得することができます。

書式

```
対象シート.Name = "シート名"
```

- シート名は、" " で囲って文字列として代入します。
- ただし、**すでに存在するシート名と同じ名前にすることはできません。**

[例] 1番目のシートの名前を「請求書」に変更する

```
Sub example11_2_4()
    Sheets(1).Name = "請求書"
End Sub
```

- 「Sheets(1)」というコードで対象シートを指定しています。
- 代入する値は、""で囲って文字列として入力する必要があります。

補足

シートを挿入してすぐに名前を決めるには？

「新しいシートを挿入して、すぐシートに名前を付けたい」というケースもよくあります。そんな場合のコードとして、以下の例を紹介します。

[例] 新しいシートを挿入する (場所はシート番号「1」の左とする)
新しいシートの名前は「新しい請求書」に変更する

例

```
Sub example11_2_4補足()
    Sheets.Add Before:=Sheets(1)
    ActiveSheet.Name = "新しい請求書"
End Sub
```

- 「Sheets.Add」でシートを挿入します。引数として「Before:=Sheets(1)」と記述しているので、1番目のシートの直前に新しいシートが挿入されます。
- 新しいシートを挿入した直後、その新しいシートが**アクティブな状態**になります。
- 「ActiveSheet.Name」というコードは、現在アクティブなシートのシート名という意味です。したがって、「ActiveSheet.Name」にシート名を代入すれば、新しいシートにそのまま名前をつけることができるということです。

5. シートの移動、コピー（Move、Copyメソッド）

シートを移動するにはMoveメソッド、コピー（複製）するにはCopyメソッドを使用します。

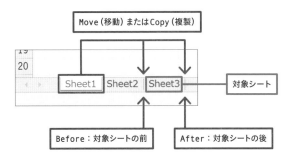

```
'シートの移動
元シート.Move Before:=対象シート      '①対象の1つ前に移動する
元シート.Move After:=対象シート       '②対象の1つ後ろに移動する


'シートのコピー
元シート.Copy Before:=対象シート      '③対象の1つ前にコピーする
元シート.Copy After:=対象シート       '④対象の1つ後ろにコピーする
```

- 「元シート」は、移動またはコピーしたいシートを「Sheets(引数)」などのコードで記述します。
- ①「Before:=」に続けて対象シートを指定すると、そのシートの1つ前に移動します。
- ②「After:=」に続けて対象シートを指定すると、そのシートの1つ後ろに移動します。
- ③「Before:=」に続けて対象シートを指定すると、そのシートの1つ前にコピーします。
- ④「After:=」に続けて対象シートを指定すると、そのシートの1つ後ろにコピーします。

以下に具体的なコード例を紹介します。

[例1]シート番号「3」のシートを移動して、シート番号「1」の1つ前に配置する

例

```
Sub example11_2_5a()
    Sheets(3).Move Before:=Sheets(1)
End Sub
```

● 「Sheets(3)」で、移動する元シートを指定しています。

● Moveメソッドの引数を「Before:=Sheets(1)」とすることで、対象シートの**1つ前に配置**しています。

[例2]シート番号「1」のシートをコピーして、シート番号「2」のシートの1つ後ろに配置する

例

```
Sub example11_2_5b()
    Sheets(1).Copy After:=Sheets(2)
End Sub
```

● 「Sheets(1)」で、コピーする元シートを指定しています。

● Copyメソッドの引数を「After:=Sheets(2)」とすることで、対象シートの**1つ後ろに配置**しています。

確認問題

XLSM 教材ファイル「11章レッスン2確認問題.xlsm」を使用します。

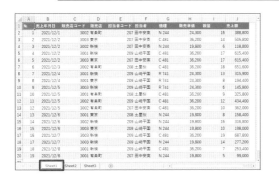

▶ 動画レッスン11-2t

https://excel23.com/
vba-juku/chap11-
lesson2test/

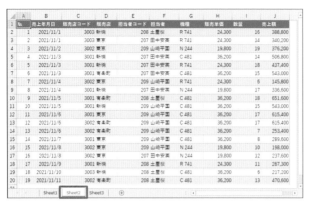

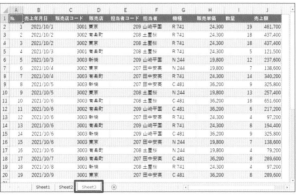

1. 新しいシートを挿入してください（場所は、1番目のシートの前にしてください）。また、上記で挿入したシートのシート名を " 新規シート " に変更してください。

2. シート名が " 新規シート " のシートをコピーしてください。複製したシートは、4番目のシートの後ろに配置してください。

3. 3番目のシートを削除してください。ただし、警告メッセージが表示されないよう、強制的に削除してください。

※模範解答は、376ページに掲載しています。

コラム

自動メンバー表示が使えないときがある……
なぜ？ 対処法は？

よくいただく質問として、

「コードを書いていると、**自動メンバー表示が使えるときと、使えないときがありま**
す。なぜですか？」

「使えない場合、**設定などを変更すれば使えるようにできますか？**」

といった質問があります。

結論から言いますと、

「残念ながらVBAの**仕様上そうなってしまっている**（自動メンバー表示されない）キー
ワードがあり、**設定によって直せるものではありません**。どのキーワードがそれに
該当するのかを把握し、**対処法**を知っておきましょう。」

という回答になります。

第11章

▼

シートの操作

以下に、代表的なキーワードと、自動メンバー表示の使用可否をまとめます（○
なら自動メンバー表示を利用可能、×なら不可能です）。

表11-2-1

書式	自動メンバー表示	代わりの対処方法
Range(引数)	○	不要
Cells(行,列)	×	Cells(). なら利用可能
Rows(引数)	×	Rows(). なら利用可能
Columns(引数)	×	Columns(). なら利用可能
Sheets(引数)	×	Sheets().ならコレクションのメンバーを利用可能。もしくは「Sheet1.」などとオブジェクト名を記述すれば利用可能
Workbooks(引数)	○	不要

例えば、「Range("A1").」として「.」(ピリオド) まで記述すると、自動的に続
きの候補（メンバー）が表示されます。

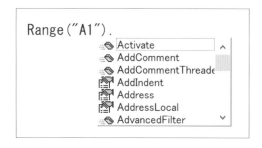

一方、「Cells(1,1).」と記述しても自動メンバー表示されません。その理由を説明すると難解な説明になってしまうので本書では割愛しますが、大事なのは、そもそもExcel VBAが**そういう仕様で作られている**ということを知ることです。

対処方法としては、いったん「Cells().」と引数なしで記述することで、自動メンバー表示を利用することができます（※コードを入力し終わったら、必ずCells()の引数を入力し直すことを忘れないでください。そうしないと、Cells()を引数なしで記述した場合、「シート内のすべてのセル」という意味になるため、誤って全セルを操作してしまう事故の元になります）。

「Rows(引数).」、「Columns(引数).」と記述しても自動メンバー表示されませんが、対処法はCellsと同じで、いったん「Rows().」「Columns().」と引数なしで記述して自動メンバー表示させることです。

「Sheets(引数).」と記述した場合も、自動メンバー表示されません。

対処法としては、「Sheets().」と引数なしで記述すれば、一部は自動メンバー表示されます。なぜ「一部」しか表示されないかというと、Sheets()と記述した場合、**Sheetsコレクション**のプロパティやメソッドが表示されるのですが、シート単体（Worksheetオブジェクト）のプロパティやメソッドが表示されるわけではない仕組みになっているからです（初心者の方は混乱するかと思いますが、この理屈を完璧に理解できなくても構いません）。そのため、Nameプロパティなどは表示されないので注意してください。

もう1つの対処法としては、いったん「Sheet1.」などの**オブジェクト名を記述**することで、自動メンバー表示を利用できます（シートの「**オブジェクト名**」とは、VBAでシートを操作する際に使える固有の名前です）。

VBEを開くと、通常は左上に「プロジェクト エクスプローラー」というウィンドウが見えます。そこには、以下のように表示されています。

```
Sheet1 (シート名)
Sheet2 (シート名)
Sheet3 (シート名)
```

( )で囲われているのがシート名ですが、その**左にあるのがオブジェクト名**というものです。

本書ではオブジェクト名の利用方法については詳しく解説していませんが、「Sheet1」など**オブジェクト名を記述**することで、そのシートを指定することができます。よって、「Sheet1.」と記述すると、シートの自動メンバー表示を利用することができます。

以上に紹介したように、自動メンバー表示を利用できないケースがありますが、対処法を知っておけば利用できるものもあります。困ったときはこのコラムを参照してください。

★★★

レッスン3
シートの一括処理

🗒 教材ファイル「11章レッスン3.xlsm」を使用します。　　▶ 動画レッスン11-3

1. 全シートを順番に処理するには?

シートの操作の応用例として、**すべてのシートを自動処理する方法**を紹介します。

For〜Next構文で繰り返しながらシート番号を1つずつ変えていくことで、全シートを順番に処理することができます。

https://excel23.com/
vba-juku/chap11-
lesson3/

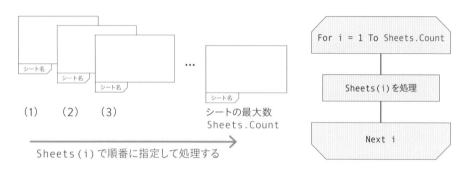

書式

```
Dim i As Long
For i = 1 To Sheets.Count
    Sheets(i)に対する処理を記述
Next i
```

- 「Sheets.Count」は、**シートの最大数**を数値で取得します。例えばブックに含まれているシートの数が5個なら、Sheets.Countにより「5」を取得できます。
- 繰り返しのFor構文では「For i = 1 To Sheets.Count」とすることで、変数 i は、1から最終シートの番号まで1つずつ増えていきます。
- Sheets(i)に対する処理を記述することで、シート番号「1、2、3…最終シート番号」のシートを順番に処理することができます。

2. 全シートを一括処理する例

それでは全シートを一括処理する例として、具体的なコードを紹介します。

[例1] 全シートのセル範囲 B9:E28 の値をクリアする

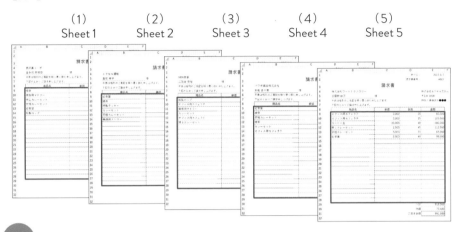

(1) Sheet 1　　(2) Sheet 2　　(3) Sheet 3　　(4) Sheet 4　　(5) Sheet 5

例

```
Sub example11_3_2a()
    Dim i As Long
    For i = 1 To Sheets.Count
        Sheets(i).Range("B9:E28").Value = ""
    Next i
End Sub
```

- 教材ブックにはシートが5つ存在するので「Sheets.Count」により「5」が取得されます。
- 「Sheets(i)」とすることで、1番目のシートから最終シートまで順にシートが指定されます。
- さらに「.Range("B9:E28").Value = ""」とすることで、セル範囲B9:E28に""（空白のデータ）が代入され、結果として値がクリアされます。

「Range("B9:E28").Value = ""」の代わりに、「Range("B9:E28").ClearContents」と記述しても可能です。ClearContentsメソッドで、値のみをクリアすることができます。

[例2] 全シートのシート名を「請求書x」（xは1、2、3…のように連番が入る）という名前に変更する

例

```
Sub example11_3_2b()
    Dim i As Long
    For i = 1 To Sheets.Count
        Sheets(i).Name = "請求書" & i
    Next i
End Sub
```

- 「Sheets(i)」とすることで、1番目のシートから最終シートまで順にシートが指定されます。
- 「Sheets(i).Name = "請求書" & i」という記述については、変数iは「1、2、3、4、5」と変化していくため、"請求書1"、"請求書2"、"請求書3"…というシート名が順番に代入されます。

3. 特定のシートだけ除いて処理するには？

全シートを一括処理したいものの、**ある特定のシートだけは除外して処理したい**場合もあります。その場合、If〜End If構文で条件分岐することで除外させる方法があります。

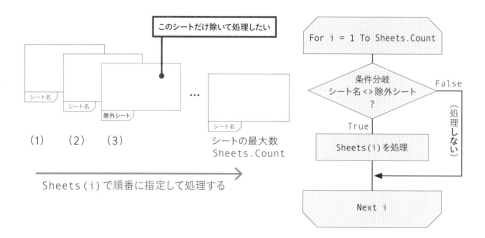

```
Dim i As Long
For i = 1 To Sheets.Count
    If Sheets(i).Name <> "除外するシート名" Then
        Sheets(i)に対する処理を記述
    End If
Next i
```

- 「If Sheets(i).Name <> "除外するシート名" Then」という条件分岐を加えることで、**除外するシート名に一致しない場合のみ**処理を実行することができます。

以下に具体的な例を紹介します。

[例]シート名が「除外シート」という名前のシートだけ除き、全シートのセル範囲B9:E28の値をクリアする

> コードを実行する前に、教材ブックの1つのシートを選んで、**シート名を「除外シート」という名前に変更**しておいてください。

例

```
Sub example11_3_3()
    Dim i As Long
    For i = 1 To Sheets.Count
        If Sheets(i).Name <> "除外シート" Then
            Sheets(i).Range("B9:E28").Value = ""
        End If
    Next i
End Sub
```

- If構文の条件式を「If Sheets(i).Name <> "除外シート"」とすることで、シート名が"除外シート"と一致しない場合のみ処理を行います。
- 上記の結果、シート名が「除外シート」というシート以外がすべて処理されます。

確認問題

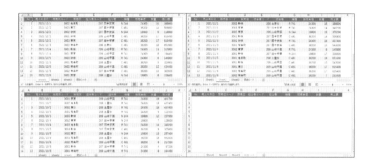

1. **すべてのシートにおいて、以下の処理を行ってください。**

   - セル範囲A1:J1に太字を適用する
   - H列～J列のセルの表示形式をカンマ区切りの数値形式に変更する
   - 表全体に罫線 (格子) を適用する

   ▶ 動画レッスン11-3t

   https://excel23.com/vba-juku/chap11-lesson3test/

2. **シート名 "Sheet1"、"Sheet2"、"Sheet3" それぞれにおいて、タイトル行を除くデータ全体をコピーして、シート名 "統合シート"の最終行の下へ貼り付けてください**(※本書のレッスン内容より難易度が高い問題です。動画解説を閲覧いただくことをおすすめします)。

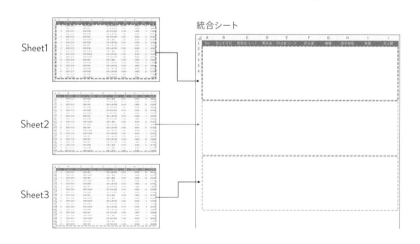

※模範解答は、376ページに掲載しています。

第12章

ブックの操作

いよいよ大詰めだね。「ブックの操作」を学んでいこう!

 おお! 前章では「シートの操作」だったけど、今回は「ブックの操作」ッスね!

 そうだね。VBAでブックを操作すれば、
・ブックの作成・削除・保存・閉じるなどの処理
・複数のブック間でのやり取り
・複数のブックの一括処理
といったことが自動化できるんだ!

 楽しみッスね! ブックを操作するにはどうしたらいいッスか?

 シートを操作するのと同じように、ブックも「オブジェクト」として操作できる。また、ブックにも「プロパティ(状態)」と「メソッド(命令)」があるから、それを利用できるんだ!

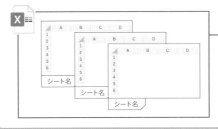

ブックもオブジェクト
・プロパティ
・メソッド
がある

 おお? なんだか第11章でやった「シートの操作」と似てる気がするッス!

 シートとブックの操作方法は、似ている部分が多いね! ただし、ブック特有の違いや気をつけるべき点もあるから、そこもしっかり押さえていこう。では、さっそく学習を始めよう!

レッスン**1**

ブックの指定

XLSM 教材ファイル「12章レッスン1.xlsm」を使用します。　▶ 動画レッスン12-1

1. ブックを指定するには「Workbooks」を使う

ブックを指定するには、以下のようなコードを記述します。

https://excel23.com/
vba-juku/chap12-
lesson1/

書式

```
Workbooks("ブック名.拡張子")     '①ブック名で指定する場合
Workbooks(番号)                  '②番号で指定する場合
```

- ①は、指定したいブックの"ブック名.拡張子"を指定します（例："Book1.xlsx"）。
- ブック名とは、ファイル名のことです。また、「拡張子」とはファイルの保存形式を表す文字列です（例えばExcelブックなら「.xlsx」、マクロ有効ブックなら「.xlsm」で表します）。
- ②は、ブックを番号で指定する方法です。ブックの番号（正式にはIndexと呼ばれます）は、ブックを開いた順番に「1、2、3…」という順に自動的に割り振られます。

それでは具体例を見てみましょう。

例えば、以下の３つのブックを**同時に開いている状態**だとします。

（Ⅰ）未保存のブック：Book1（拡張子なし）	（Ⅱ）マクロ有効ブック：Book2.xlsm	（Ⅲ）Excelブック：Book3.xlsx

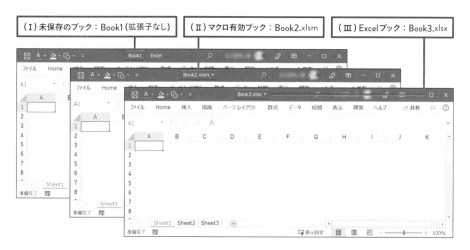

① " ブック名.拡張子 " でブックを指定する場合

```
Workbooks("Book1")        '(Ⅰ)未保存のブック
Workbooks("Book2.xlsm")   '(Ⅱ)マクロ有効ブック
Workbooks("Book3.xlsx")   '(Ⅲ)Excelブック
```

- (Ⅰ) 未保存のブック（新しいブックで、まだ一度も保存していないブック）を指定するコード例です。このとき、ブック名には「Book1」といった名前が自動的につけられていますが、**まだ保存していないので拡張子が決まっていません。**そのため、拡張子をつけずに Workbooks("Book1") というコードで指定します。
- (Ⅱ) マクロ有効ブックを指定するコード例です。マクロ有効ブックの拡張子は「.xlsm」なので、「Workbooks("Book2.xls**m**")」と指定します。
- (Ⅲ) Excelブックを指定するコード例です。通常のExcelブックの拡張子は「.xlsx」なので、「Workbooks("Book3.xls**x**")」と指定します。

② 番号（Index）でブックを指定する場合

```
Workbooks(1)     '1番目のブック
Workbooks(2)     '2番目のブック
Workbooks(3)     '3番目のブック
```

- ブックの番号（Index）は、開いた順番に「1、2、3…」と自動的に連番が振られていきます。その番号を引数に記述することで、ブックを指定することができます。
- ただし1つのブックを閉じると、空席を詰めるように以降のブックの番号が1つ減少します。したがって、マクロの処理中に**ブックを閉じる**操作が組み込まれている場合、途中でブックの番号が変わってしまい、コードに書いている番号と、現実の番号に差が生まれてしまうことがあるため、注意が必要です。

注意点ですが、上記で紹介したコードは、現在同時に複数のブックを開いている場合に限って有効です。現在開いていないブックを指定することはできません。開いていないブックを開く方法については、レッスン3の「ブックを開く」を参照してください。

続いて、具体的なコード例を紹介します。

次のコード例を実行する前に、以下の**2つのブック**を開いておきましょう。

・12章レッスン1.xlsm

・新しいブック（Ctrl+Nで追加するか、Excelで「ファイル>新規>空白の文書」で追加しておいてください）

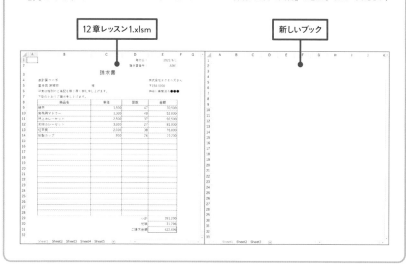

[例1] ブック名 "12章レッスン1.xlsm" のブックをアクティブにする

例

```
Sub example12_1_1a()
    Workbooks("12章レッスン1.xlsm").Activate
End Sub
```

- 「Workbooks("12章レッスン1.xlsm")」というコードにより、ブック名.拡張子で ブックを指定しています。
- 「.Activate」でブックをアクティブにします。
- 「アクティブにする」とは、ブックを操作対象にするという意味です。あるブックをアク ティブにすると、そのブックが画面の最前面に表示され、操作対象になります。
- 上記の結果、ブック「12章レッスン1.xlsm」がアクティブになり、画面の最前面に表示 されます。

[例2] ブックの番号「2」をアクティブにする

```
Sub example12_1_1b()
    Workbooks(2).Activate
End Sub
```

- 「Workbooks(2)」というコードにより、2番目のブックを指定します。
- 上記の結果、2番目のブックがアクティブになり、画面の最前面に表示されます。

> ブックの番号は、ブックが開かれた順に割り振られます。上記の[例2]の実行結果は、「12章レッスン1.xlsm」と新しいブックのどちらを先に開いたかによって、どちらがアクティブになるか結果が変わります。

2. ブック.シート.セルを指定する

ブックの中にあるセルを指定するには、以下のように記述します。

書式

Workbooks(引数).Sheets(引数).[RangeやCellsなど]
　　ブック　　　　　シート　　　　　　　セル

- 上記のように、「ブック.シート.セル」の順番に「.」でつなげて記述します。
- シートの指定は、「Sheets(引数)」以外にも、例えば「Activesheet」でアクティブなシートを指定することもできます。
- セルの指定は、「Range」や「Cells」などで指定できます。また、「Rows」で行を指定したり、「Columns」で列を指定することもできます。

以下に、具体的なコード例を紹介します。

[例] ブック「12章レッスン1.xlsm」のシート（3番目）のセル範囲B9:E28において、値をクリアする（ClearContentsメソッドを使用）

例

```
Sub Example12_1_2()
    Workbooks("12章レッスン1.xlsm").Sheets(3).Range("B9:E28"). _
              ブック                      シート        セル
    ClearContents
End Sub
```

● 「.ClearContents」は指定のセル範囲の値をクリアする（書式は残す）メソッドです。

> よくあるミスの例で、「ブック（.シートを忘れる）.セル」という書式でコードを書いてしまうことが挙げられます。シートを指定しないとエラーになるので、忘れないようにしましょう。

3. アクティブなブックを指定する（ActiveWorkbook）

複数のブックが同時に開いている場合、現在操作対象になっているブックのことを「アクティブなブック」と呼びます。アクティブなブックを指定するには「ActiveWorkbook」と記述します。

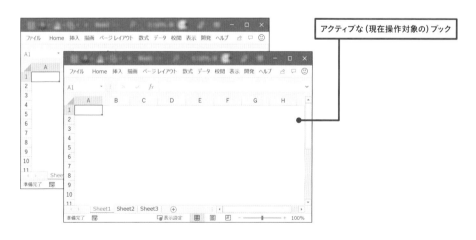

アクティブな（現在操作対象の）ブック

[例] アクティブなブックにおいて、2番目のシートのセルD9に「50」を代入する

例

```
Sub example12_1_3()
    ActiveWorkbook.Sheets(2).Range("D9").Value = 50
End Sub
```

- 上記のマクロを実行するとき、どのブックがアクティブになっているかによって処理対象のブックが変化します。
- 例えばブック「12章レッスン1.xlsm」がアクティブな状態でマクロを実行すると、同ブックが処理対象になります。一方、「Book1」がアクティブな状態でマクロを実行すれば、「Book1」が処理対象になります。

補足

ブックを省略した場合、
自動的にActiveWorkbookが指定される

ブックを省略してコードを記述した場合には、**自動的にアクティブなブックが指定されます**。

[例1] シート "Sheet1" のセルD9に「25」を代入する

例

$$Sheets("Sheet1").Range("D9").Value = 25$$
（ブックを省略）　　　シート　　　　　　セル

- ブックを指定するコードは省略し、シート.セルを指定しています。
- このようにブックを省略した場合は、自動的にアクティブなブックを指定したことになります。
- したがって、[例2] のように記述するのと結果は同じになります。

[例2] アクティブなブックのシート "Sheet1" のセルD9に「25」を代入する

```
ActiveWorkbook.Sheets("Sheet1").Range("D9").Value = 25
      ブック          シート           セル
```

● 「ActiveWorkbook」でアクティブなブックを指定しています。

つまり、ブックを省略した場合は、自動的に「ActiveWorkbook」と書いたのと同じ結果になるということを覚えておきましょう。
本書のこれまでの解説でも、ブックを省略したコードが多く登場しています。その場合は、自動的にアクティブなブックが指定されるものと理解しましょう。

補足

Workbooks は「コレクション」の一種だから複数形の「s」がつく

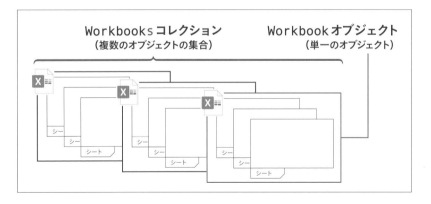

なぜ、「Workbooks」というコードは複数形の「s」がつくのでしょうか？
第11章レッスン1 の『[補足] Sheets は「コレクション」だから複数形の「s」がつく』でも、シートについて同様の説明をしました。それと同様に、**「Workbooks」もコレクションの一種だから複数形の「s」がつきます。**

コレクションとは、同じ種類のオブジェクトの集合のことです。

- ブック全体の集合のことを「Workbooksコレクション」といいます。
- その中の単一のブックのことを「Workbookオブジェクト」といいます。

例えば、コードで「Worksheets("ブック名.拡張子")」や「Workbooks(番号)」などと記述した場合は、Workbooksコレクションという集合の中から単一のWorkbookオブジェクトを取得するという意味になります。だからWorkbooksは複数形の「s」がつくと考えると理解しやすいでしょう。

なお、VBA初心者のうちは、「Workbooksコレクション」「Workbookオブジェクト」という言葉を普段から意識しなくても構いません。ひとまず「Worksheets("ブック名.拡張子")」や「Workbooks(番号)」というコードを書けばブックを指定できるということだけ押さえておきましょう。

4. ブックから他ブックへ転記 (コピー) しよう

ブックから別ブックへセル範囲をコピーするコードについて考えてみましょう。

12章レッスン1.xlsm　　　　　　　　新しいブック（Book1）

[例] 次のコピー元をコピーし、貼り付け先へ貼り付ける

コピー元：ブック「12章レッスン1.xlsm」の1番目のシートのセル範囲B8:E28

貼り付け先：新しいブック（ブック名は"Book1"と仮定）の1番目のシートのセルA1

例

```
Sub examle12_1_4()
  Workbooks("12章レッスン1.xlsm").Sheets(1).Range("B8:E28").Copy _
      Workbooks("Book1").Sheets(1).Range("A1")
End Sub
```

- 上記は1行のコードですが、長くなってしまうため、途中で改行しています。
- コードを途中で改行するには、「 _」（半角スペースとアンダースコア）を記述します。
- 「.Copy」で、コピー元のセル範囲をコピーし、引数に指定した貼り付け先に貼り付けることができます。

補足

もとの列幅を維持したい場合は？（PasteSpecialメソッド）

上記の［例］のコードでは、転記元ブックの**列幅までは反映されません。**
列幅もコピーしたい場合、「PasteSpecialメソッド」を使用する方法があります。PasteSpecialメソッドを使用すると、「形式を選択して貼り付け」と同じ処理を行うことができます。
Excelの手動操作では、セルを右クリック（次ページの❶）して「形式を選択して貼り付け」をクリック（❷）すると、貼り付ける対象を選ぶことができます。そこで「列幅」を選択（❸）すると、列幅を貼り付けることができます。

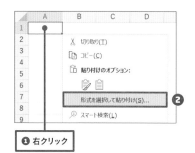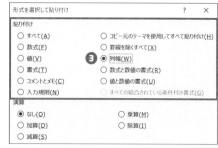

[例] セルをコピーして貼り付け、列幅も貼り付ける

例

```
Sub examle12_1_4補足()

    '①コピーする
    Workbooks("12章レッスン1.xlsm").Sheets(1). _改行
        Range("B8:E28").Copy

    '②貼り付ける
    Workbooks("Book1").Sheets(1).Range("A1").PasteSpecial

    '③列幅を貼り付ける
    Workbooks("Book1").Sheets(1).Range("A1"). _改行
        PasteSpecial xlPasteColumnWidths

End Sub
```

①まず、コピー元のセル範囲においてCopyメソッドを記述します。このとき、Copyメソッドの引数は省略します。Copyメソッドの引数を省略すると、**コピーだけ行った状態になります**（まだ貼り付けは行われません）。

②次に、貼り付け先のセル範囲において、PasteSpecialメソッドを記述します。PasteSpecialメソッドは、「貼り付け」を行うメソッドです。これによって、①

でコピーしたものを貼り付けることができます。

③続いて、②と同じセルでPasteSpecialメソッドを記述し、引数に
「xlPasteColumnWidths」という定数を指定します。これによって、「列幅」
だけを貼り付けることができます。

PasteSpecialメソッドは、引数に定数を指定することで様々な形式で貼り付
けをすることができます。以下に、定数のうちよく使うものを抜粋して紹介します。

表12-1-1　引数（Paste）で指定できる定数（一部を抜粋）

定数	貼り付ける対象
xlPasteAll（既定）	すべて
xlPasteFormulas	数式
xlPasteValues	値
xlPasteFormats	書式
xlPasteColumnWidths	列幅

5.「このブック（マクロ保存ブック）」は「ThisWorkbook」で指定できる

VBAのコードを保存しているブックそのものを「ThisWorkbook」というコードで指定す
ることができます。例えば、本レッスンの教材ブック（「12章レッスン1.xlsm」）を指定する例
を紹介します。

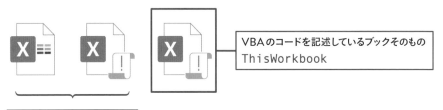

VBAのコードを記述しているブックそのもの
ThisWorkbook

同時に開いている他のブック

［例］このブック（マクロ保存ブック）の1番目のシートをアクティブにする

```
Sub examle12_1_5()
    ThisWorkbook.Sheets(1).Activate
End Sub
```

- 「ThisWorkbook」でこのブック（マクロ保存ブック）を指定しています。現在コードを記述しているのが「12章レッスン1.xlsm」だとすると、同ブックが自動的に指定されます。
- 続いて、「.Sheets(1).Activate」というコードで、このブックの1番目のシートがアクティブになります。

「ThisWorkbook」は、ブック名や番号を指定しなくても確実に「このブック」を指定することができるため、実用面で非常に便利なコードです。

確認問題

 教材ファイル「12章レッスン1確認問題.xlsm」を使用します。

このブック（12章レッスン1確認問題.xlsm）と同時に、新規ブックを1つ開いておいてください。同時に2つのブックを開いた状態で問題を解いてください。

 動画レッスン12-1t

https://excel23.com/
vba-juku/chap12-
lesson1test/

12章レッスン1確認問題.xlsm　　　　新しいブック

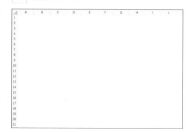

1. ブック名が「12章レッスン1確認問題.xlsm」のブックをアクティブにしてください。

2. アクティブなブックの1番目のシートのセルB2の値を、MsgBoxで出力してください。

3. 2番目のブック（インデックス番号2）をアクティブにしてください。

4. ブック「12章レッスン1確認問題.xlsm」の1番目のシートのシート名を "2021年12月 " に変更してください。

5. 以下のようにブックから他ブックへ表を転記してください。

12章レッスン1確認問題.xlsmのシート（1）　　　　新しいブックのシート（1）

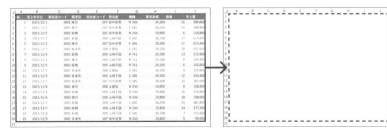

コピー元ブック： "12章レッスン1確認問題.xlsm"

対象セル範囲：1番目のシートにある表全体

貼り付け先ブック：新しいブック（ブック名 "Book1" と仮定します）

対象セル：1番目のシートのセルA1

※模範解答は、377ページに掲載しています。

レッスン2
ブックの操作

📊 **教材ファイル「12章レッスン2.xlsm」を使用します。** ▶ 動画レッスン12-2

1. 新しいブックを作成する（Add メソッド）

新しいブックを作成するには Add メソッドを使用します。

https://excel23.com/
vba-juku/chap12-
lesson2/

> **書式**
>
> ```
> Workbooks.Add
> ```

- 実行すると、新しいブックが作成されます。
- Add メソッドを使用して新しいブックを追加した直後は、自動的にそのブックがアクティブな（操作対象の）ブックになります。

[例] 新しいブックを作成する

> **例**
>
> ```
> Sub example12_2_1()
>     Workbooks.Add
> End Sub
> ```

- 上記を実行すると、新しいブックが作成されます。
- なお、新しいブックには「Book1」のようなブック名が自動的に割り当てられます。

2. ブックを上書き保存する（Save メソッド）

ブックを上書き保存するには Save メソッドを使用します。

> **書式**
>
> ```
> 対象ブック.Save
> ```

- 「対象ブック」は、Workbooks(引数)やActiveWorkbookやThisWorkbookで指定できます。
- 上記を実行すると、すでに名前をつけて保存したことがあるブックの場合は上書き保存されます。まだ一度も保存したことがない新しいブックで実行した場合は、「名前を付けて保存」ダイアログボックスが表示されます。

[例] ブック「12章レッスン2.xlsm」を上書き保存する

例

```
Sub example12_2_2()
    Workbooks("12章レッスン2.xlsm").Save
End Sub
```

- 「Workbooks("12章レッスン2.xlsm")」というコードにより、「12章レッスン2.xlsm」が指定されます。

3. 名前を付けて保存する (SaveAs メソッド)

ブックに名前を付けて保存するにはSaveAsメソッドを使用します。

書式

対象ブック.SaveAs "パス+ブック名.拡張子"

[正式な引数名]

対象ブック.SaveAs FileName

- 引数の**"パス+ブック名.拡張子"**には、ファイルを保存する場所を指定する文字列である「パス」と、「ブック名.拡張子」をつなげて文字列として指定します。
- 「パス」について詳しい説明は、次の『[補足] パスについて理解しておこう』を参照してください。

パスについて理解しておこう

パスとは、ファイルを保存する場所を住所のように指定する文字列です。例えば以下の例は、「Downloads」というフォルダーのパスです。

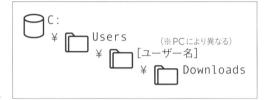

[パス]

C:¥Users¥ [ユーザー名] ¥Downloads

- 「C:」(Cドライブと読みます) の下に、「Users」 フォルダーがあります。
- その中に、「[ユーザー名]」のフォルダーがあります (※ユーザー名は、パソコンによって異なります)。
- その中に、「Downloads」 フォルダーがあります。
- 上記のような階層構造を、「¥」で区切って記述します。

最後に「ブック名.拡張子」を付けます。

[パス＋ブック名.拡張子]

C:¥Users¥ [ユーザー名] ¥Downloads¥newBook.xlsm
　　　　　パス　　　　　　　　　　　¥ ブック名.拡張子

- パスとブック名の間にも 「¥」 を記述して間をつなげます。
- 上記のコード全体で、パス＋ブック名.拡張子となります。

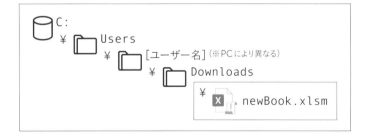

[例] このブック（マクロ保存ブック）に名前を付けて保存する

　　保存場所：パソコンの「**ダウンロード**」フォルダー

　　ブック名：「newBook.xlsm」

```
Sub example12_2_3()
    '※以下の[ユーザー名]はPCによって書き換える必要があります。
    ThisWorkbook.SaveAs _改行
        "C:¥Users¥[ユーザー名]¥Downloads¥newBook.xlsm"
            パス                    ¥ ブック名.拡張子
End Sub
```

- 上記コードにおける［ユーザー名］やパスは、PCによって異なります。「［補足］自分のPCで、「ダウンロード」フォルダーのパスを調べるには？」を参考に、自身のPC上で調べてみましょう。
- SaveAsメソッドの引数は、「C:¥Users¥［ユーザー名］¥Downloads」がパスで、間を「¥」でつないで、「newBook.xlsm」がブック名.拡張子となっています。

補足

自分のPCで、 「ダウンロード」フォルダーのパスを調べるには？

「ダウンロード」フォルダーのパスはPCによって異なります。そこで、自身のPCで、「ダウンロード」フォルダーのパスを調べる方法を紹介します（以下はWindows10の操作方法です）。

1 エクスプローラー（ファイルとフォルダーを閲覧するソフト）を起動します（Windowsロゴキー ＋ Eで起動できます）。

2 「PC」というフォルダー（次ページの❶）にて、「ダウンロード」フォルダーを**Shiftキーを押しながら右クリック**（❷）します。「**パスのコピー**」（❸）が表示されます。クリックすると、そのフォルダーのパスをコピーできます。

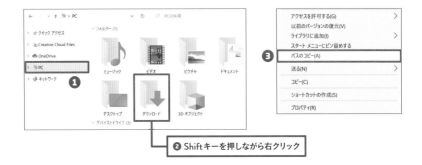

② Shift キーを押しながら右クリック

3 コピーしたパスを、VBE のコードに貼り付けましょう（Ctrl+V）。

上記の「パスのコピー」という方法は、他の様々なフォルダーやファイルのパスを
調べるときにも有効です。

ファイル形式を変更して保存するには？

例えば、すでにマクロ有効ブック形式（拡張子 .xlsm）で保存されているブックを保
存する際、**Excel ブック形式（拡張子 .xlsx）に変更したい**という場合があります。
上記のようにファイル形式を変更して保存するためには、SaveAs メソッドの第2
引数を使用します。

> 対象ブック.SaveAs "パス+ブック名.拡張子" ,ファイル形式

［正式な引数名］

```
対象ブック.SaveAs FileName, FileFormat
```

● 第2引数で、定数を使ってファイル形式を指定できます。

以下は、ファイル形式の指定に利用できる定数のうちよく使われるものの抜粋です。

表12-2-1

ファイル形式	定数
Excelブック（.xlsx）	xlOpenXMLWorkbook
マクロ有効ブック（.xlsm）	xlOpenXMLWorkbookMacroEnabled
Excel 97-2003ブック（.xls）	xlExcel8
CSVファイル（.CSV）	xlCSV（UTF-8なら「xlCSVUTF8」）
タブ区切りテキスト（.txt）	xlCurrentPlatformText

[例] 新しいブックを作成し、名前を付けて保存する
　　　保存場所：ダウンロードフォルダー
　　　ファイル名：newBook2.xlsm
　　　ファイル形式：マクロ有効ブック（.xlsm）

例

```
Sub example12_2_3補足()
    Workbooks.Add
    '以下の行の[ユーザー名]は書き換えてください。
    ActiveWorkbook.SaveAs _改行
    "C:¥Users¥[ユーザー名]¥Downloads¥newBook2.xlsm", _改行
    xlOpenXMLWorkbookMacroEnabled
End Sub
```

● SaveAsメソッドの第2引数で「xlOpenXMLWorkbookMacroEnabled」という定数を指定しているため、マクロ有効ブック（.xlsm）として保存されます。

4. ブックの複製を保存する（SaveCopyAsメソッド）

ブックの複製を保存するにはSaveCopyAsメソッドを使用します。ファイルのバックアップを残す用途で使うと便利です。

書式

```
対象ブック.SaveCopyAs  "パス+ブック名.拡張子"
```

[正式な引数名]

```
対象ブック.SaveCopyAs FileName
```

- "パス+ブック名.拡張子"は、**3.**のSaveAsメソッドと同様です。
- SaveCopyAsメソッドで複製を保存すると、保存する対象のブックはアクティブなまま、複製されたブックが指定のパスに保存されます。
- SaveAsメソッドとSaveCopyAsメソッドの違いについては『[補足] SaveAsメソッドとSaveCopyAsメソッドは何が違う?』で詳しく解説しているので参照してください。

[例] このブック（マクロ保存ブック）に名前を付けて複製を保存する
　　保存場所：パソコンの「ダウンロード」フォルダー
　　ブック名：「backUp.xlsm」

例

```
Sub example12_2_4()
    '※以下の[ユーザー名]はPCによって書き換える必要があります。
    ThisWorkbook.SaveCopyAs _ 改行
        "C:\Users\[ユーザー名]\Downloads\backUp.xlsm"
End Sub
```

- 上記の結果、このブックはアクティブな状態のまま、複製されたブックが指定の場所に保存されます。

「SaveAs」メソッドと「SaveCopyAs」メソッドは何が違う?

3. で紹介した SaveAs メソッドと、**4.** で紹介した SaveCopyAs メソッドの違いは何でしょうか? 比較しながら説明します。

SaveAs メソッドの場合

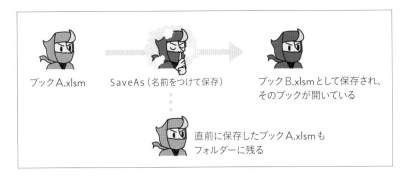

SaveAs メソッドは、Excelで「名前をつけて保存」を行ったときと同じ処理を行います。例えば「ブックA.xlsm」という名前のブックにおいて SaveAs メソッドを実行し、「ブックB.xlsm」という名前で保存しました。すると、「**ブックB.xlsm**」**がアクティブな状態**で操作を続けることになります。なお、保存する前に、最後に保存してあった「ブックA.xlsm」もフォルダーに残されています。

SaveCopyAs メソッドの場合

それに対し、SaveCopyAsメソッドの場合、**ブックA.xlsmを開いたまま**、バックアップとしてブックB.xlsmを保存することができます。その後、引き続き**ブックA.xlsmは開いたままアクティブな状態**になります。

5. 保存場所のパスを自動取得する（`ThisWorkbook.Path`）

ここまで紹介したブックの保存方法は、保存場所を「パス」で指定しなければなりません。しかし、パスを記述するのは大変ですし、マクロを実行するPC環境によってユーザー名が異なるのが問題です。

そこで、ブックの保存場所の**パスを自動取得するコード**として「`ThisWorkbook.Path`」を紹介します。

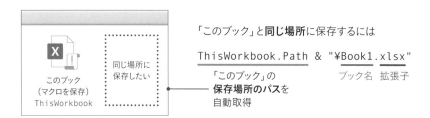

「このブック」と**同じ場所**に保存するには

`ThisWorkbook.Path & "¥Book1.xlsx"`

「このブック」の
保存場所のパスを
自動取得   ブック名 拡張子

「`ThisWorkbook.Path`」を利用すると、このブック（`ThisWorkbook`）の保存場所のパスを自動で取得できます。以下のコード例を見てみましょう。

[例] このブック（マクロ保存ブック）のパスを取得し、メッセージボックスで出力する

例

```
Sub example12_2_5a()
    MsgBox ThisWorkbook.Path
End Sub
```

- 上記の結果、メッセージボックスでパスが出力されます。
- なお、右の図では、ユーザー名が「broad」（筆者のPCのユーザー名）になっています。

補足

「OneDrive」と「ThisWorkbook.Path」を
併用しないように注意！

「OneDrive」に同期している
フォルダー内にあるExcelブッ
クで「ThisWorkbook.Path」
を取得すると、右のようにWeb
上のアドレスが取得されてしま
います。

ところが、Excel VBAでブックを開いたり保存したりする際、上記のようなWeb
上のアドレスは通常使用できないため、エラーの原因になります。

「ThisWorkbook.Path」を使用する前に、ExcelブックをOneDriveに同期
しているフォルダーではない場所に保存するようにしてください。

OneDriveに同期しているフォルダーを確かめるには、以下の方法があります
（Windows10の場合の操作方法です）。

1 タスクバー上のOneDriveのアイコン（❶）
をクリックして「フォルダーを開く」（❷）をク
リックします。

2 エクスプローラーが起動し、OneDriveに同期しているフォルダーが表示されます。

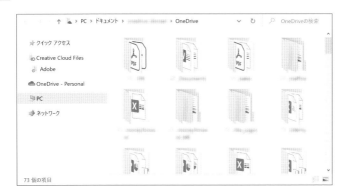

上記のフォルダーを確認し、**それ以外のフォルダーにExcelブックを保存**するよう
にしてください。

続いて、ThisWorkbook.Pathを利用する実用的なコード例を紹介します。

[例] 新しいブックを作成する。次に、その新しいブックに名前を付けて保存する
  場所：このブックと同じフォルダー
  名前：「newBook3.xlsx」

例

```
Sub example12_2_5b()
    Workbooks.Add
    ActiveWorkbook.SaveAs ThisWorkbook.Path & "¥newBook3.xlsx"
                          このブックのパス      &    ¥ブック名.拡張子
End Sub
```

- 「Workbooks.Add」により、新しいブックが作成されます（その直後、新しいブックがアクティブな状態になります）。
- 続いて、「ActiveWorkbook.SaveAs」という記述で、新しいブックに名前をつけて保存します。
- SaveAsメソッドの引数は、「ThisWorkbook.Path & "¥newBook3.xlsx"」と記述しています。
- 「ThisWorkbook.Path」というコードで、このブックの保存場所のパスが自動取得されます。
- ThisWorkbook.Pathと"¥newBook3.xlsx"の2つの文字列を結合するため、間に「&」を記述しています。
- なお、「newBook3.xlsx」の前には、パスとつなげるための「¥」を付加するため"¥newBook3.xlsx"と記述します。忘れがちなので気をつけましょう。

以上のようにThisWorkbook.Pathを利用すると、このブック（マクロ保存ブック）の保存場所のパスを自動取得して利用できます。異なるPC環境でもユーザー名に左右されずにパスを指定できるので、多くの実用マクロで利用されています。押さえておきましょう。

（難しい内容）
すでに同じ名前のブックが存在する場合にはどうしたらいい？

名前を付けて保存する際、すでに同じ名前のブックが存在している場合、警告メッセージが表示され、マクロが一時停止してしまいます。これを避けるためには、以下の方法があります。

1. 強制的に上書き保存する（注意）

同じ名前のファイルがあっても強制的に上書き保存する方法です。以下にそのコード例を紹介します。

[例] このブックと同じフォルダーに「newBook2.xlsm」という名前で保存する

```
Sub example12_2_5補足1()
    Application.DisplayAlerts = False    '警告をオフにする
    ThisWorkbook.SaveAs 改行
        ThisWorkbook.Path & "¥newBook2.xlsm"
    Application.DisplayAlerts = True     '警告をオンにする
End Sub
```

「Application.DisplayAlerts」は、警告表示のオン/オフを変更するプロパティです。ブックのSaveAsメソッドを使用する前に、Application.DisplayAleartsに「False」を代入しておくことによって、同名ファイルが存在しても警告メッセージを表示することなく、強制的に上書き保存させることができます。

ただし、この方法では、誤って重要なファイルを強制的に上書きしてしまうリスクがあります。

2. あらかじめ同名ファイルの存在をチェックする

保存する前に、同名のファイルがあるかチェックし、もし存在する場合は中断する
方法です。

[例] 同名ファイルが存在するかチェックし、存在する場合は保存しない

例

```
Sub example12_2_5補足2()
    If Dir(ThisWorkbook.Path & "\newBook2.xlsm") _改行
        <> "" Then
        MsgBox "すでに同名ファイルが存在するため保存できません。"
        Exit Sub
    End If
End Sub
```

- 「Dir関数」というVBA関数を使用しています。
- Dir関数は、引数に指定したファイルが存在する場合、「ファイル名.拡張子」の文字列を返します。
- ファイルが存在しない場合には""（空白の文字列）を返します。

このようなDir関数の性質を利用して、ファイルが存在するかどうかを確認できます。

上記コード例では、もしDir関数の戻り値が""（空白の文字列）ではないなら、ファイルが存在するという判定になります。その場合は、MsgBoxで警告を出力した後、「Exit Sub」と記述することにより、Subプロシージャを強制終了しています。「Exit Sub」は本書では初めて紹介しました。このコードを実行すると、現在実行しているSubプロシージャを強制終了します。

6. シートを新しいブックに出力する

ここまでは、新しいブックを作成したり保存するといった操作を解説しました。次は、**シートをコピーして新しいブックに出力**するコードを紹介します。

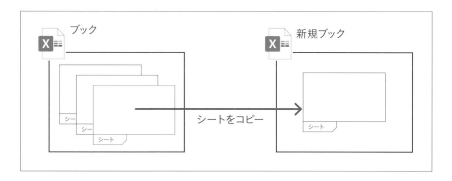

以下のように記述すると、対象シートを新しいブックに出力できます。

書式

```
対象シート.Copy              '引数なし
```

- Copyメソッドの引数は省略します。
- シートのCopyメソッドについては**第11章**の**5.**で紹介しました。ですが、**シートのCopy メソッドを引数なしで記述した場合は、シートをコピーして新しいブックに出力します。**

[例1] このブックの1番目のシートを、コピーして新しいブックに出力する

例

```
Sub exmple12_2_6()
    ThisWorkbook.Sheets(1).Copy        '引数なし
End Sub
```

- 上記の結果、シートをコピーして新しいブックに出力されます。

確認問題

xlsm 教材ファイル「12章レッスン2確認問題.xlsm」を使用します。

1. 新しいブックを作成してください。

   ▶ 動画レッスン12-2t

   次に、上記のブックに名前をつけて保存してください。
   保存場所：このブック（12章レッスン2確認問題.xlsm）と同じフォ
   　　　　　ルダー
   ブック名：「新規ブック.xlsx」

   https://excel23.com/
   vba-juku/chap12-
   lesson2test/

2. このブック（12章レッスン2確認問題.xlsm）を上書き保存してください。

3. このブックの保存場所のパスを取得し、MsgBoxで出力してください。

4. このブック（12章レッスン2確認問題.xlsm）の複製を保存してください。

   保存場所：このブック（12章レッスン2確認問題.xlsm）と同じフォルダー
   ブック名：「確認問題バックアップ.xlsm」

5. このブック（12章レッスン2確認問題.xlsm）のシート名「Sheet1」を新しいブックに
   出力し、そのブックを保存してください。

   保存場所：このブック（12章レッスン2確認問題.xlsm）と同じフォルダー
   ブック名：「2021年12月.xlsx」

   ※模範解答は、377ページに掲載しています。

レッスン 3
ブックを開く / 閉じる

📄 **教材ファイル「12章レッスン3.xlsm」を使用します。**　　▶ 動画レッスン12-3

1. ブックを開く（Openメソッド）

現在開いていないExcelブックを開くには、Openメソッドを使用します。

https://excel23.com/
vba-juku/chap12-
lesson3/

書式

```
Workbooks.Open  "パス+ブック名.拡張子"
```

[正式な引数名]

```
Workbooks.Open FileName
```

第12章 ▼ ブックの操作

- 引数は、SaveAsメソッドと同様で、「パス+ブック名.拡張子」の文字列を指定します。
- Openメソッドを実行した直後は、開いたブックがアクティブなブックになります。
- 指定したファイルが存在しない場合やパスが間違っている場合は、実行時エラーとなります。

以下に、具体的なコード例を紹介します。

[例] 次のブックを開く（以下の [ユーザー名] はPCによって異なるので、書き換える必要があります）

　　C:¥Users¥[ユーザー名]¥Downloads¥12章レッスン1.xlsm

PCの「ダウンロード」フォルダーに、「12章レッスン1.xlsm」を保存した状態でコードを実行してください（レッスン1の教材ファイルと同じです）。

```
Sub example12_3_1()
    Workbooks.Open  改行
        "C:¥Users¥[ユーザー名]¥Downloads¥12章レッスン1.xlsm"
End Sub
```

- 上記の結果、ブック「12章レッスン1.xlsm」が開かれ、アクティブな状態になります。

2. ブックを閉じる（Closeメソッド）

ブックを閉じるにはCloseメソッドを使用します。また、対象のブックを**保存せずに強制的に閉じる**には、引数として「SaveChanges:=False」を指定します。

```
対象ブック.Close                      '①ブックを閉じる（引数なし）
対象ブック.Close  SaveChanges:=False   '②保存せず強制的に閉じる
```

- ① Closeメソッドを実行すると対象ブックを閉じます。ただし、対象ブックが**編集中で未保存**だった場合、「変更内容を保存しますか？」というダイアログボックスが表示され、マクロが一時停止してしまいます。
- ② そこで、引数にてSaveChanges:=Falseと指定すると、対象ブックが編集中で未保存であっても、強制的にブックを閉じることができます。

以下に具体的なコード例を紹介します。

[例] ブック「12章レッスン1.xlsm」を閉じる

「12章レッスン1.xlsm」を開いた状態でコードを実行してください。

```
Sub example12_3_2()
    Workbooks("12章レッスン1.xlsm").Close
End Sub
```

● 上記の結果、「12章レッスン1.xlsm」が閉じられます。

確認問題

 教材ファイル「12章レッスン3確認問題.xlsm」を使用します。

1. 以下のブックを開いてください。

   保存されている場所：**このブック**（12章レッスン3確認問題.xlsm）
   と同じフォルダー
   ブック名：**「12章レッスン3確認問題サンプル.xlsx」**

2. ブック「12章レッスン3確認問題サンプル.xlsx」のシート
   「Sheet1」のセルD2に " 東京 " という文字列を代入してくだ
   さい。

3. ブック「12章レッスン3確認問題サンプル.xlsx」を閉じてください（※ブックを保存
   するかどうか確認するダイアログボックスを表示させずに、強制的に閉じてください）。

▶ 動画レッスン12-3t

https://excel23.com/
vba-juku/chap12-
lesson3test/

※模範解答は、378ページに掲載しています。

★★★

レッスン**4**
ブックの一括処理

XLSM **教材ファイル「12章レッスン4.xlsm」を使用します。**

（この教材ファイルは「12章レッスン4」フォルダーの中に入っています。）

▶ 動画レッスン12-4

1. 開いている複数ブックを順番に処理する

ここでの説明は、「現在、複数のブックを同時に開いている場合」に限ります。開いていないブックを処理する方法は、**3.**で解説します。

https://excel23.com/
vba-juku/chap12-
lesson4/

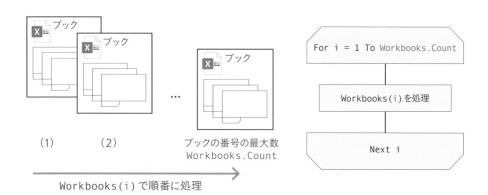

現在開いている複数のブックを順番に一括で処理するコード例は以下です。

書式

```
Dim i As Long
For i = 1 To Workbooks.Count
    Workbooks(i)に関する処理を記述
Next i
```

● 「Workbooks.Count」は、現在同時に開いている**ブックの番号の最大数**を取得するコードです。例えば、現在3つのシートを同時に開いている場合は「3」が取得されます。

● 繰り返しのFor構文では「For i = 1 To Workbooks.Count」とすることで、変

314

数 i が、1から最後のブックの番号まで1つずつ増えていきます。

- Workbooks(i) に関する処理を記述することで、番号が「1、2、3…最後のブックの番号」のブックを順番に処理することができます。

> ブックの番号は、ブックを開いた順番に自動で割り振られます。したがって、マクロの途中でブックを閉じたり、新しいブックを作成するなどの処理がある場合、コードで記述している番号と、実際の番号がずれてしまう恐れがあります。注意しましょう。

以下に具体的なコードを紹介します。

[例] 現在開いている全ブックにおいて、シート (1番目) のシート名を変更する (シート名は、現在の日付を「yyyymmdd」形式にした名前とする)

> コードを実行する前に、「12章レッスン4」フォルダーに入っている複数のブックを同時に開いておきましょう。

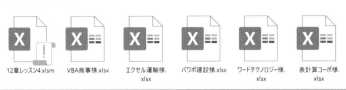

12章レッスン4.xlsm　VBA商事様.xlsx　エクセル運輸様.xlsx　パワポ建設様.xlsx　ワードテクノロジー様.xlsx　表計算コーポ様.xlsx

例

```
Sub example12_4_1()
    Dim i As Long
    For i = 1 To Workbooks.Count
        Workbooks(i).Sheets(1).Name = Format(Date, "yyyymmdd")
    Next i
End Sub
```

- 上記の結果、開いているすべてのブックにおいて、1番目のシートの名前が、現在の日付(「yyyymmdd」形式)に変更されます。
- 「Format(Date, "yyyymmdd")」では、Date関数により本日の日付を取得し、Format関数により"yyyymmdd"形式の文字列に変換しています。Format関数については、次の補足で解説します。

補足

Format関数の使い方

Format関数は、値の書式を変換して、文字列として返します。

Format(対象,[書式])

▶ [ ]は省略可能　※他にも引数がありますが使用頻度が低いので割愛します。

［正式な引数名］

Format(Expression,[Format])

- **第1引数**は、対象とする値（数値や日付など）を指定します。
- **第2引数**は、書式を指定します。書式は、「書式記号」と呼ばれる文字列で指定できます（「書式指定文字」と呼ばれることもあります）。

    以下に、よく使われる書式記号を紹介します。

表 12-4-1　日付関連の書式記号（よく使われるもの）

書式記号	説明
yyyy	西暦の年
m	月（1桁の月の場合は1桁で表記）
mm	月（1桁の月の場合は先頭に0を付加して「01」などと表記）
d	日（1桁の日の場合は1桁で表記）
dd	日（1桁の日の場合は先頭に0を付加して「01」などと表記）
ggg	元号（例：「令和」）
e	和暦の年
ggge	元号＋年（例：「令和3」）

表 12-4-2　数値関連の書式記号（よく使われるもの）

書式記号	説明
#	1桁の数値（その桁の数値がない場合は何も入らない）
0	1桁の数値（その桁の数値がない場合も0が入る）
#,###	3桁おきにコンマ区切り（0の場合は何も入らない）
#,##0	3桁おきにコンマ区切り（0の場合は0が入る）

より詳しい使い方は、ダウンロードPDF教材の**補講D：上級編**にて解説しています（ダウンロード元はiiiページ参照）。

2. 複数ブックを処理し、保存して閉じる

1. を応用して、各ブックを処理した後、**上書き保存してブックを閉じる**コード例を紹介します。

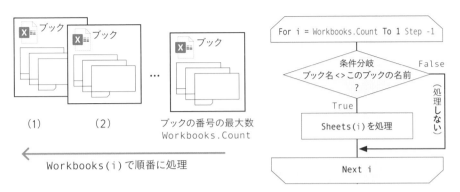

書式

```
Dim i As Long
For i = Workbooks.Count To 1 Step -1                '①
    If Workbooks(i).Name <> ThisWorkbook.Name Then  '②
        Workbooks(i)に関する処理
        Workbooks(i).Save                            '③
        Workbooks(i).Close
    End If
Next i
```

- ①ブックを最後から順に処理するため「For i = **Workbooks.Count To 1 Step -1**」と記述しています。これにより、変数 i は開始値「**Workbooks.Count**(最後のブックの番号)」から**1ずつ減少**していきます。このようにブックを最後から順に処理する理由は、ブックを閉じる**Closeメソッド**を行っているためです。ブックを閉じると、閉じたブックの番号に空きが出ます。その空きを埋めるように、以降のブックの番号が1ずつ減少します。この現象が起きても不具合なく連続処理するためには、ブックを**後ろから順に処理**する方がいいのです。

- ②マクロの実行中に、このブック(マクロ保存ブック)自体が閉じてしまうと、マクロが途中で終了してしまいます。それを避けるため、「Workbooks(i).Name <> ThisWorkbook.Name」という条件にしています。つまり、ブック名がこのブックと一致しない場合のみ処理を実行するようにしています。

●③処理を行った後、「Workbooks(i).Save」で上書き保存し、「Workbooks(i).Close」
でブックを閉じています。

以下に具体例を紹介します。**1.** の［例］で紹介したコードの応用版です。

［例］現在開いている全ブックにおいて、シート（1番目）のシート名を変更する（シート名は、現
在の日付を「yyyymmdd」形式にした名前とする）。
その後、ブックを保存して閉じる

コードを実行する前に、「12章レッスン4」フォルダーに入っている複数のブックを同時に開
いておきましょう。

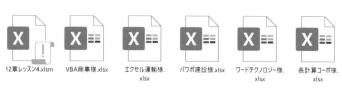

12章レッスン4.xlsm　　VBA商事様.xlsx　　エクセル運輸様.xlsx　　パワポ建設様.xlsx　　ワードテクノロジー様.xlsx　　表計算コーポ様.xlsx

例

```
Sub example12_4_2()
    Dim i As Long
    For i = Workbooks.Count To 1 Step -1
        If Workbooks(i).Name <> ThisWorkbook.Name Then
            Workbooks(i).Sheets(1).Name = 改行
                Format(Date, "yyyymmdd")
            Workbooks(i).Save
            Workbooks(i).Close
        End If
    Next i
End Sub
```

●For〜Next構文において「i = Workbooks.Count To 1 Step -1」と記述す
ることで、ブックを最後から順に処理しています。
●If〜End If構文において条件式を「Workbooks(i).Name <> ThisWorkbook.

Name」と記述することで、ブック名がこのブックと一致しない場合のみ、以降の処理を実行するようにしています。

- 「Workbooks(i).Sheets(1).Name = Format(Date, "yyyymmdd")」により、開いているすべてのブックにおいて、1番目のシートの名前が、現在の日付（「yyyymmdd」形式）に変更されます。
- 最後に、「Workbooks(i).Save」で上書き保存し、「Workbooks(i).Close」でブックを閉じています。

3. フォルダー内のブックを一括処理する（Dir関数の利用）

1.と2.で紹介したのは、**現在同時に開いているブック**を一括で処理する方法でした。ここでは、**まだ開いていないブックを連続で開いて一括処理する方法**を解説します。

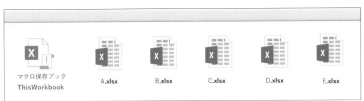

マクロ保存ブックと**同じフォルダー内**にある、
拡張子「.xlsx」のファイルを一括で処理する

実務でよく使われている例として、このブック（マクロ保存ブック）と同じフォルダーにある複数のブックを一括で処理するコード例を紹介します。
※変数を見た目で理解しやすいよう、変数名を「ブック名拡張子」という日本語の名前にしています。もし「英語の変数名がいい」という場合は、変数名を「bookName」などに置き換えてください。

例

```
Dim ブック名拡張子 As String
ブック名拡張子 = Dir(ThisWorkbook.Path & "¥*.xlsx")          '①

Do While ブック名拡張子 <> ""                               '②
    Workbooks.Open ThisWorkbook.Path & "¥" & ブック名拡張子   '③
    ActiveWorkbookについての処理                             '④
    ActiveWorkbook.Save       '上書き保存
```

```
ActiveWorkbook.Close        '閉じる

  ブック名拡張子 = Dir()                                            '⑤

Loop
```

 ここでの説明は、文章だと難解になりますので、ぜひ補足のオンライン動画による説明もご覧ください。

①「Dir関数」という関数を使用して、フォルダー内にある最初の**1つ目のファイル**の**「ブック名.拡張子」を取得**し、変数「ブック名拡張子」に代入しています。

Dir関数は、指定したファイルの存在を確かめる関数です。

```
Dir(パス+ファイル名.拡張子)
```

- 引数で指定したファイルが存在する場合、「ファイル名.拡張子」を文字列で返します。
- ファイルが存在しない場合、""（空白の文字列）を返します。

このDir関数を利用して、同じフォルダー内にある「.xlsx」のファイルを順番にすべて処理していくのが、コード全体の流れです。

マクロ保存ブック A.xlsx B.xlsx C.xlsx D.xlsx E.xlsx
ThisWorkbook   同じフォルダー内

```
ThisWorkbook.Path  &         "¥*.xlsx"
```
マクロ保存ブックの   結合   （ワイルドカード「*」+「.xlsx」）
保存場所のパス   拡張子.xlsxのすべてのファイル
                パスとファイル名の
                間に "¥"

①の「Dir(ThisWorkbook.Path & "¥*.xlsx")」というコードは、Dir関数の引数に「ThisWorkbook.Path」と「&」と「*.xlsx」を記述しています。Dir関数の引数に「*」(ワイルドカード) を使った場合、該当するファイルが複数あれば、最初の1つ目のファイル名.拡張子が返されます。

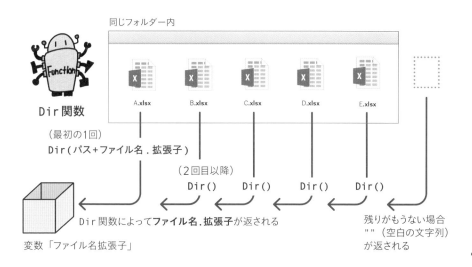

同じフォルダー内

A.xlsx B.xlsx C.xlsx D.xlsx E.xlsx

Dir関数

(最初の1回)
Dir(パス+ファイル名.拡張子)

(2回目以降)
Dir() Dir() Dir() Dir()

Dir関数によって**ファイル名.拡張子**が返される

変数「ファイル名拡張子」

残りがもうない場合
""（空白の文字列)
が返される

Dir関数の性質としては、最初の1回は「Dir(パス+ファイル名.拡張子)」というコードを記述する必要があるのですが、2回目、3回目…と次々にファイル名を取得していく場合、**2回目以降は「Dir()」と引数なしのコードを記述すればよい**という仕組みになっています。

②「Do While ブック名拡張子 <> ""」というコードは**Do While〜Loop構文**を利用しています。この構文では、条件式がTrueである限りは繰り返しを**継続**します。
条件式の「ブック名拡張子<>""」は、変数「ブック名拡張子」が空白でない限り繰り返すという意味です。Dir関数は、⑤で次のファイルが見つかれば戻り値を返しますが、もし見つからなかったら「""」を返します。したがって、変数に""が代入されていた場合、最後のファイルの処理が終わったということになるので、繰り返しを終了します。

③「Workbooks.Open ThisWorkbook.Path & "¥" & ブック名拡張子」で、変数に格納されたファイル名+拡張子のブックを開きます。このとき、パスとブック名をつなぐ"¥"を間に結合するのを忘れないようにしましょう。

④上記③で指定のブックが開かれると、開かれたブックが自動的にアクティブな状態になります。そこで、ActiveWorkbookについての処理を記述します。
処理の後で、「ActiveWorkbook.Save」(上書き保存)「ActiveWorkbook.Close」(閉じる) でブックを保存して閉じます。

⑤「ブック名拡張子 = Dir()」では、Dir関数を引数なしで記述しています。①で説明したように、Dir関数は、初回は引数を必要としますが、2回目以降は「Dir()」だけ記述すればよいという仕組みです。①で指定した条件 (*.xlsx) に一致する次のファイルが存在すれば、戻り値としてファイル名＋拡張子を返します。
もし次のファイルがもうない場合は、②のDo Whileの継続条件から外れるので、繰り返しが終了します。

では、具体的なコード例を紹介します。

[例] 同じフォルダー内にある、拡張子「.xlsx」のすべてのブックを以下のように処理する
- 3番目のシートのシート名を変更する
- シート名は、本日の日付を "yyyy_mm_dd" 形式に変換した名前とする (例えば 2021/12/1なら"2021_12_01"とする)

例

```
Sub example12_4_3()

    Dim ブック名拡張子 As String
    ブック名拡張子 = Dir(ThisWorkbook.Path & "¥*.xlsx")

    Do While ブック名拡張子 <> ""
        Workbooks.Open ThisWorkbook.Path & "¥" & ブック名拡張子
        ActiveWorkbook.Sheets(3).Name = 改行
            Format(Date, "yyyy_mm_dd")
        ActiveWorkbook.Save      '上書き保存
        ActiveWorkbook.Close     '閉じる

        ブック名拡張子 = Dir()
```

```
        Loop

    End Sub
```

- 「ActiveWorkbook.Sheets(3).Name = Format(Date, "yyyy_mm_dd")」というコードについて解説します。前の行のOpenメソッドで開いたブックは、開いた直後、自動的にアクティブな状態になります。そのため、「ActiveWorkbook.Sheets(3).Name」と記述すれば、その開いたブックの3番目のシートが指定されます。
- 「Format(Date, "yyyy_mm_dd")」というコードは、Date関数で本日の日付を取得し、それをFormat関数で"yyyy_mm_dd"という形式の文字列に変換しています。

4. 画面の更新をオフにして高速化する(Application.ScreenUpdating)

3.の[例]のコードを実行すると、画面上でブックが開いたり閉じたりする動作が繰り返されるため、画面がちらつき、マクロの処理速度も遅くなります。そこで、Application.ScreenUpdatingプロパティを利用すると、画面の更新をオフにすることができ、マクロの動作も高速化します。

書式

```
Application.ScreenUpdating = 設定値        'TrueまたはFalseを代入
```

- 画面の更新のオン/オフを切り替えます。
- 設定値に「True」(既定値)を代入すると画面更新がオンに、「False」を代入するとオフになります。

それでは、**3.**の［例］のコードを修正して、前後に画面更新のオン/オフを切り替える処理を加えたコードを紹介します。

例

```
Sub example12_4_4()

    '画面更新をオフにする
    Application.ScreenUpdating = False

    Dim ブック名拡張子 As String
    ブック名拡張子 = Dir(ThisWorkbook.Path & "¥*.xlsx")

    Do While ブック名拡張子 <> ""
        Workbooks.Open ThisWorkbook.Path & "¥" & ブック名拡張子
        ActiveWorkbook.Sheets(3).Name = _改行
            Format(Date, "yyyy_mm_dd")
        ActiveWorkbook.Save       '上書き保存

        ActiveWorkbook.Close      '閉じる

        ブック名拡張子 = Dir()
    Loop

    '画面更新をオンにする
    Application.ScreenUpdating = True

End Sub
```

- 処理の前に「ScreenUpdating = False」と記述することで、画面更新を停止することができます。
- 処理が終わったら「Application.ScreenUpdating = True」と記述し、画面更新を再開することを忘れないようにしましょう。

確認問題

 教材ファイル「12章レッスン4確認問題.xlsm」を使用します。

「12章レッスン4確認問題フォルダー」の中に、以下の
ブックが格納されています。「12章レッスン4確認問
題.xlsm」を開いて問題を始めてください。

▶ 動画レッスン12-4t

https://excel23.com/
vba-juku/chap12-
lesson4test/

同じフォルダー内

1. 以下のブックをすべて同時に開いておいてください。なお、開いたブックに「保
   護ビュー」と表示されていたら、「編集を有効にする」ボタンをクリックして保護
   ビューを解除してください。

   - 12章レッスン4確認問題.xlsm
   - 12章レッスン4確認問題サンプル1.xlsx
   - 12章レッスン4確認問題サンプル2.xlsx
   - 12章レッスン4確認問題サンプル3.xlsx

   次に、すべてのブックの1番目のシートにおいて、以下の処理を行ってください。

ただし、このブック（マクロ有効ブック）は除いて処理を行ってください。

同じフォルダー内

同じフォルダー内のすべての.xlsxファイルを処理する

- セル範囲 A1:J1 に太字を適用する
- H列〜J列のセルの表示形式をカンマ区切りの数値形式に変更する
- 表全体に罫線 (格子) を適用する

上記の問題を解いた後、各サンプルブックを保存せずに閉じておいてください (閉じる操作は、手動で構いません)。

12章レッスン4確認問題サンプル1.xlsx
12章レッスン4確認問題サンプル2.xlsx
12章レッスン4確認問題サンプル3.xlsx

2. **このブック (マクロ有効ブック) と同じフォルダーにあるすべての Excel ブック (拡張子が .xlsx のもの) を順番に開いて、以下のように処理してください。**

同じフォルダー内

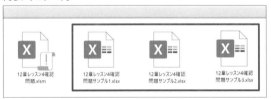

同じフォルダー内のすべての .xlsx ファイルを処理する

処理内容
- 1番目のシートにおいて以下の処理を行う
- セル範囲 A1:J1 に太字を適用する
- H列〜J列のセルの表示形式をカンマ区切りの数値形式に変更する
- 表全体に罫線 (格子) を適用する
- ブックを保存して閉じる

※模範解答は、378 ページに掲載しています。

実用マクロを
作ろう!

さぁ、仕上げだよ。実用マクロを作成していこう！

 やったッス！
ついに実用マクロ編ッスね！
早速、ボクの仕事を自動化するマクロを作りたいッス！

 ……待って！　いきなりコードを書き始める前に、知ってほしいことがあるんだ。

 え？　まだコードを書かないッスか？

 そう。初心者が実用マクロを作る前に気をつけて欲しい、3つの心構えがあるんだ。

1. 小さく始めて、だんだん大きくしていく
2. コメントを書いて、その後コードを書く
3. バグ「0」はありえない。デバッグを重視する！

 う〜ん……大事そうな話ッスね。
レッスンで詳しく教えて欲しいッス！

 もちろん！
はじめから大きなマクロを作れるなら問題ないけれど、初心者におすすめなのは、「小さいマクロ」を1つ1つ着実に作り、だんだん大きくしていってゴールに近づけていくことなんだ。
では、実用マクロを作るプロセスを一緒に体験していこう！

レッスン**1**
VBA初心者がマクロを作る前に
気をつけたいこと

XLSM 教材ファイル「最終章レッスン1.xlsm」を使用します。　　▶ 動画レッスン13-1

https://excel23.com/
vba-juku/chap13-
lesson1/

VBA初心者の方が実用マクロ作りに挑戦する際、気をつけていただきたいことがあります。

1. 小さく始めて、だんだん大きくしていく

2. コメントを書いて、その後コードを書く

3. バグ「0」はありえない。デバッグを重視する

それぞれについて解説します。

1. 小さく始めて、だんだん大きくしていく

最終章 ▼ 実用マクロを作ろう！

いきなり全部を作ろうとする

- コードが長くなり考えることが多すぎる
- バグの原因箇所がわかりにくい
- ゆえに挫折しやすい

まずは部品ごとに完成させる

- コード短く、1つずつ着実に
- バグの原因箇所がわかりやすい
- 部品ごとにテストして完成させる

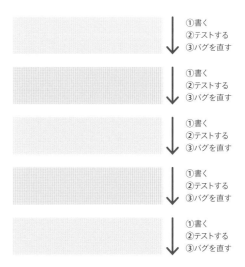

①書く
②テストする
③バグを直す

①書く
②テストする
③バグを直す

①書く
②テストする
③バグを直す

①書く
②テストする
③バグを直す

①書く
②テストする
③バグを直す

VBA初心者にとってハードルが高くなってしまう原因は、いきなり全部を作ろうと考えてしまうことです。はじめからすべての手順をコードで書こうと考えると、1つのプロシージャのコードの量が多くなり、考えなければいけない範囲が非常に広くなってしまい、難易度が高くなります。

また、コードが増えれば増えるほど、エラーの原因箇所を探しにくくなります（コードの終盤に起きているエラーでも、その原因は序盤にあるということもあります）。その結果、**途中で行き詰まって挫折してしまうケース**も少なくありません。

そこで、私がおすすめなのは、なるべく小さな部品からマクロを作り始めることです。

[例] 例えば、自分の作りたいマクロには次のような手順が含まれるとする

例

① 表全体を別シートに転記する
② [単価]×[数量]の結果を[金額]に代入する
③ [金額]≦15000なら[送料]に500を代入する

このような場合、はじめから①②③を1つのプロシージャで作り始めるのではなく、それぞれプロシージャを分けて、書いたら動作確認をし、ちゃんとマクロが動くことを確認してから完成させることです。それぞれの部品が正しく動作したら、最後に①②③を1つのプロシージャにまとめてください。

「どこまで細かくマクロを部品化すべきですか？」という質問もよくいただきます。どのくらい細かく分けるべきかは、現在の自分のレベルにもよります。[例]の①〜③を1つの部品としてスラスラ書ける方もいますし、①、②、③を分けて考えないと、頭がいっぱいになってしまって難しく感じる方もいます。現在の自分のレベルによって、「一度に考えられる量がどのくらいなのか？」を測りながら、はじめは細かく部品を分けて考え、だんだんと部品の大きさを大きくしていくとよいでしょう。

2. コメントを書いて、その後コードを書く

いきなりコードを書かずに、先にコメントを書くこともおすすめします。マクロを作ろうとしている段階では、**まだ頭の中では、書くべき処理内容が整理されていません。**先にコメントを書きはじめることで、必要な手順を1つ1つ明確にすることができます。また、コメントを書いておくと、それがマクロの「骨組み」になるので、後で実際にVBAのコードを書いていくためのガイドになります。

以下の［例1］［例2］は、先にコメントを書き出してから、その後にコードを書く流れの具体例です。

［例1］まずはコメントを書き出す

例

```
Sub example13_1_2a()

    '変数を宣言する

    '表の最終行を取得する

    '2行目から最終行まで繰り返す

    '[単価]×[数量]を計算し、結果[金額]に代入する

End Sub
```

最終章 ＞ 実用マクロを作ろう！

［例2］コメントに沿ってコードを書く

例

```
Sub example13_1_2b()

    '変数を宣言する
    Dim maxRow As Long
```

```
        '表の最終行を取得する
        maxRow = Cells(Rows.Count,1).End(xlUp).Row

        '2行目から最終行まで繰り返す
        Dim i As Long
        For i = 2 To maxRow
            '[単価]×[数量]を計算し、結果[金額]に代入する
            Cells(i,"I").Value = _改行
                Cells(i,"G").Value * Cells(i,"H").Value
        Next i

    End Sub
```

● コメントにも適宜、改行やインデント（字下げ）を入れて読みやすくしています。

3. エラー「0」はありえない！ デバッグを重視する

マクロを開発する上で、エラーが全く起こらないことはありえません。人間が作るものですから、ミスは付き物です。初心者と経験者の違いは何かというと、**エラーが起きたときに落ち着いて解決するスキルです**（エラーが起きたときの対処法について詳しくは、ダウンロードPDF教材の**補講E：デバッグ エラーが起きたらどうする？**にて解説しています。ダウンロード元はⅲページ参照）。エラーが起きることを前提として、**「デバッグ」を重視**しましょう。デバッグとは、マクロの動作確認をしたり、エラーの原因を見つけて修正する行いのことです。エラーが起きないようにするよりも、細かくデバッグをしながらマクロ作りを進めていくクセを付けていきましょう。

それでは、次のレッスンから実習に入っていきます！

レッスン2
元データを傷つけない仕組み

XLSm 教材ファイル「最終章レッスン2.xlsm」を使用します。 ▶ 動画レッスン13-2

段階❶. これから作るマクロの全体像

それでは、**レッスン2〜レッスン5**にかけて、1つの実用マクロを作る

実習をしていきます。

マクロの全体像を説明します。

https://excel23.com/
vba-juku/chap13-
lesson2/

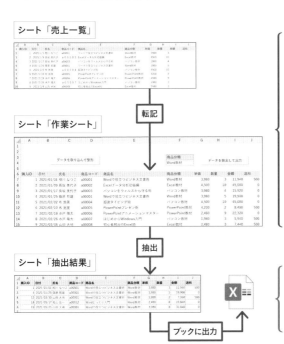

転記
データ全体を転記する

演算・条件分岐して値を代入
［単価］×［数量］の結果を［金額］に代入
［金額］＜15000なら［送料］に500を代入
（そうでなければ［送料］に0を代入）

データの整形
商品コードを半角に統一
商品名の「ワード」を「Word」に変換

表示形式の変更
［日付］列をyyyy/mm/dd形式に
［単価］〜［送料］の列を桁区切り形式に

データ抽出
［商品分類］でデータ抽出する
抽出結果を転記する
罫線、フォントの書式の変更、列幅の調整
ブックに出力して保存する

最終章 ▼ 実用マクロを作ろう！

［課題ブックの構成］

1つのブックに、3つのシートが含まれています。

- シート「売上一覧」
- シート「作業シート」
- シート「抽出結果」

［全体の流れ］

1. データの転記：シート「売上一覧」にあるデータをすべて、シート「作業シート」に転記します。

2. データの加工：シート「作業シート」で、データの入力、データの整形、表示形式の変更を行います。

3. データの抽出：シート「作業シート」からデータ抽出を行い、その結果を シート「データ抽出」に転記します。また、その結果を新しいブックに出力して保存します。

しかし、いきなり上記の全体を作っていくわけではありません。

レッスン1で話した方針のとおり、「小さく始めて、だんだん大きくしていく」ということを念頭に進めていきます。具体的にいうと、マクロ作りを段階**1.**～段階**10.**の**10工程**に分けて行っていきます。以下に、工程を一覧で紹介します。

［課題マクロを作る10工程］

段階**1.** 　元データを傷つけないよう、作業シートに転記する

段階**2.** 　演算を行う（どのシートが対象なのかに注意！）

段階**3.** 　条件分岐を追加する

段階**4.** 　データを整形する

段階**5.** 　表示形式を変更する(`NumberFormatLocal`プロパティ)

段階**6.** 　データを抽出する（フィルター）

段階**7.** 　抽出結果を別シートにコピーする

段階**8.** 　アウトプット（成果物）の書式を整える

段階**9.** 　Excelブックに出力して保存する

段階**10.** プロシージャをまとめる（部品をまとめる）

それでは、各工程に進んでいきましょう。

段階**1.** 元データを傷つけないよう、作業シートに転記してから始める

仕事で扱うデータ本体を「元データ」と呼びます。元データは、直接加工しないように気をつけましょう。Excelマクロの処理は「元に戻す（Ctrl+Z）」で元の状態に戻すことはできません。そのため、元データを直接加工してしまうと復元できなくなってしまいます。

そこで、マクロを作る前に、元データを保管しておくとよいでしょう。元データを保管する方法は、例えば以下の方法があります。

- **例1**：元データを直接加工しないように、作業シートへ転記しておく
- **例2**：シートを複製してバックアップを残しておく（マクロでなく手動で操作しても可）
- **例3**：ブックを複製してバックアップを残しておく（マクロでなく手動で操作しても可）

本書では、例1のように、元データを「作業シート」に転記してから処理を始めます。

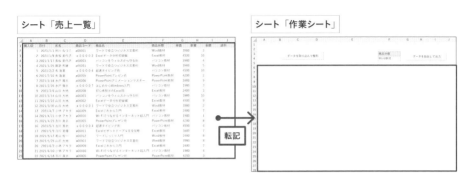

シート「売上一覧」　　　シート「作業シート」

転記

[例1]シート「売上一覧」にある表全体をコピーし、シート「作業シート」のA6に転記する。なお、その処理の前に、シート「作業シート」の6行目以降をクリアしておく

例

```
Sub example13_2_1()
    Sheets("作業シート").Range("A6").CurrentRegion.Clear      '①
    Sheets("売上一覧").Range("A1").CurrentRegion.Copy  改行
        Sheets("作業シート").Range("A6")                       '②
End Sub
```

- 説明の都合上、②を先に解説します。まず「.CurrentRegion」とは、あるセルを含んでいる表全体を自動で指定するプロパティです（詳しくは次ページの[補足]にて解説します）。
- したがって②では「Range("A1").CurrentRegion.Copy」というコードにより、セルA1を含む表全体をコピーし、別のセルに貼り付けることができます。
- つづいて①では、「Range("A6").CurrentRegion.Clear」というコードにより、セルA6を含む表全体をクリアします。①のコードはなぜ必要かというと、もしこのマクロを何度も実行する場合、「作業シート」には前回貼り付けたデータが残ったままになってしまうからです。前回のデータをあらかじめクリアするため、①のコードが必要となります。

補足

表全体を一括で指定する（CurrentRegionプロパティ）

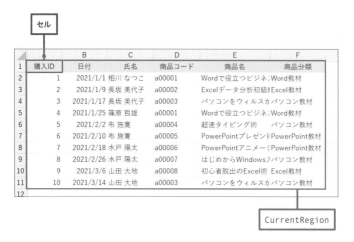

CurrentRegionプロパティを使用すると、**あるセルを含んでいる表全体**を自動で指定することができます。

```
Rangeオブジェクト.CurrentRegion
```

● Rangeオブジェクトは、表の中に含まれる1つ以上のセルをRangeやCellsで指定します。

[例] セルA1を含んでいる表全体を選択する

```
Sub example13_2_1補足()
    Range("A1").CurrentRegion.Select
End Sub
```

● マクロを実行すると、セルA1を含んでいる表全体が選択された状態になります。

CurrentRegionプロパティで表全体を指定することを具体的にイメージするために、シート上で次の操作をしてみましょう。

1 表の中に含まれる1つのセルを選択する
2 ショートカットキーのCtrl+Shift+ : を押す
3 表全体が選択される

ショートカットキーの「Ctrl+Shift+ : 」は、セルが隣同士つながっているエリア全体を選択します。
それが、CurrentRegionで指定できるセル範囲のイメージです。

確認問題

XLSm 教材ファイル「最終章レッスン2確認問題.xlsm」を使用します。

シート「受注データ」　　　　　　　シート「作業シート」

シート「受注データ」にある表全体をコピーし、シート「作業シート」のセルA6に貼り付けてください。その前に、シート「作業シート」のセルA6を含む表全体をクリアするコードも記述してください。

▶ 動画レッスン13-2t

https://excel23.com/
vba-juku/chap13-
lesson2test/

※模範解答は、379ページに掲載しています。

レッスン**3**

演算と条件分岐、データ整形、表示形式

XLSm 教材ファイル「最終章レッスン3.xlsm」を使用します。　　▶ 動画レッスン13-3

https://excel23.com/
vba-juku/chap13-
lesson3/

段階 **2.** 演算を行う（どのシートが対象なのか注意！）

[単価] ×［数量］を計算し、その結果を［金額］に代入する処理
を作ります。

ここまで、2つのシートが処理に関わっています。コードを書く際には
「どのシートがアクティブ（操作対象）になっているか？」という点に注
意しましょう。

シート「作業シート」

▲	A	B	C	D	E	F	G	H	I	J
3						商品分類				
4		リセット				Word教材				
5										
6	購入ID	日付	氏名	商品コード	商品名	商品分類	単価	数量	金額	送料
7	1	2021/1/1	相川 なつこ	a00001	ワードで役立つビジネス文書術	Word教材	3980	3		
8	2	2021/1/9	長坂 秦代子	a00002	Excelデータ分析初級編	Excel教材	4500	10		
9	3	2021/1/17	長坂 秦代子	a00003	パソコンをウィルスから守る術	パソコン教材	3980	4		
10	4	2021/1/25	篠原 哲雄	a00001	ワードで役立つビジネス文書術	Word教材	3980	5		
11	5	2021/2/2	布 施寛	a00004	超速タイピング術	パソコン教材	4500	10		
12	6	2021/2/10	布 施寛	a00005	PowerPointプレゼン術	PowerPoint教材	4200	2		
13	7	2021/2/18	水戸 陽太	a00006	PowerPointアニメーションマスター	PowerPoint教材	2480	9		

[例2]シート「作業シート」において、以下を行う

- **[単価] のセル×[数量] のセルの計算結果を [金額] セルに代入する**
- **上記をシートの7行目から最終行まで繰り返す**

例

```
Sub example13_3_2()

    '作業シートをアクティブにする                              '①
    Sheets("作業シート").Activate

    '最終行を取得
    Dim maxRow As Long
    maxRow = Cells(Rows.Count, 1).End(xlUp).Row            '②
```

```
        ' 繰り返し
        Dim i As Long
        For i = 7 To maxRow                                    ' ③
            Cells(i, "I").Value = _ 改行
                Cells(i, "G").Value * Cells(i, "H").Value
        Next i

    End Sub
```

- ①「Sheets("作業シート").Activate」というコードで、「作業シート」をアクティブにしています。

  前もって処理対象のシートをアクティブにしておくことで、誤って他のシートを処理してしまう危険を避けることができます（シートをアクティブにする処理は、**第11章レッスン1**の**1.** で解説しました）。

- ②最終行を取得し、変数「maxRow」に代入しています（最終行の取得については**第7章**にて解説しました）。

- ③For〜Next構文では、変数iが、開始値「7」から1ずつ変化しながら処理を繰り返し、最終行まで処理を行います（For〜Next構文については**第6章レッスン1**にて解説しました）。

段階 **3.** 条件分岐を追加する

もし［金額］が15000を下回る場合、［送料］に500を代入する処理を作ります（※条件にあてはまらない場合は「0」を代入します）。

- 条件分岐を使う場合は、どのような条件か? を明確にしておきましょう。
- 「以上・以下、大きい・小さい」という条件の違いにも注意が必要です。

シート「**作業シート**」

	A	B	C	D	E	F	G	H	I	J
3						商品分類				
4		リセット				Word教材				
5										
6	購入ID	日付	氏名	商品コード	商品名	商品分類	単価	数量	金額	送料
7	1	2021/1/1	相川 なつこ	a00001	ワードで役立つビジネス文書術	Word教材	3980	3	11940	
8	2	2021/1/9	長坂 奉代子	a00002	Excelデータ分析初級編	Excel教材	4500	10	45000	
9	3	2021/1/17	長坂 奉代子	a00003	パソコンをウィルスから守る術	パソコン教材	3980	4	15920	
10	4	2021/1/25	篠原 哲雄	a00001	ワードで役立つビジネス文書術	Word教材	3980	5	19900	
11	5	2021/2/2	布 施章	a00004	超速タイピング術	パソコン教材	4500	10	45000	
12	6	2021/2/10	布 施章	a00005	PowerPointプレゼン術	PowerPoint教材	4200	2	8400	

[例3] シート「作業シート」において、以下の処理を行う

・[金額] のセルの値が15000より小さい場合、[送料] に500を代入する

・上記にあてはまらない場合は、[送料] に0を代入する

・上記の処理を、シートの7行目から最終行まで繰り返す

例

```
Sub example13_3_3()

    '作業シートをアクティブにする
    Sheets("作業シート").Activate

    '最終行を取得
    Dim maxRow As Long
    maxRow = Cells(Rows.Count, 1).End(xlUp).Row

    '繰り返し
    Dim i As Long
    For i = 7 To maxRow
        If Cells(i, "I").Value < 15000 Then      '①
            Cells(i, "J").Value = 500
        Else                                      '②
            Cells(i, "J").Value = 0
        End If
    Next i

End Sub
```

● 前回の「段階 **2.**」と重複して「作業シートをアクティブにする」「最終行の取得」を記述していますが、重複したコードは章の最後の「段階 **10.**」にて1つに統合します（段階 **3.** 以降でもすべて同様です）。

● ①は条件分岐のIf〜End If構文です。条件式「Cells(i, "I").Value < 15000」により、I列のi行目のセル（金額）が15000より小さいかどうかを判定しています（If〜End If構文については**第8章レッスン1**にて解説しました）。

- ②は「Else」を記述することで、①の条件式の結果がFalseだった場合の処理を記述しています（If〜Else〜End If構文については**第8章レッスン2**の**2.**にて解説しました）。

段階4. データを整形する

データを集計しやすいように整えることを「データ整形」といいます。

例えば、データの入力ミスや「表記ゆれ」などを直し、1種類のデータは1種類の表記に統一させます。このとき、Replace関数やStrConv関数など、**文字列操作系のVBA関数が役に立ちます。**

シート「作業シート」

ここでは、［商品コード］列で全角と半角が混在しているため、半角に統一させます。また、［商品名］において " ワード " という表記を "Word" にすべて置換します。

［例4］シート「作業シート」において、以下を行う

- **・［商品コード］列のセルの値において全角文字を半角に変換して上書きする**
- **・［商品名］列のセルの値において「ワード」という文字列を「Word」に置換して上書きする**
- **・上記をシートの7行目から最終行まで繰り返す**

例

```
Sub example13_3_4()
```

```
        '作業シートをアクティブにする
        Sheets("作業シート").Activate

        '最終行を取得
        Dim maxRow As Long
        maxRow = Cells(Rows.Count, 1).End(xlUp).Row

        '繰り返し
        Dim i As Long
        For i = 7 To maxRow
            Cells(i, "D").Value = _ 改行
                StrConv(Cells(i, "D").Value, vbNarrow)              '①
            Cells(i, "E").Value = _ 改行
                Replace(Cells(i, "E").Value, "ワード", "Word")     '②
        Next i

    End Sub
```

- ①右辺の「StrConv(Cells(i, "D").Value, vbNarrow)」では、StrConv 関数により、D列 i 行目のセルの値の全角を半角に変換しています（StrConv 関数については**第9章レッスン1**の**8.**にて解説しました）。
- ②右辺の「Replace(Cells(i, "E").Value, "ワード", "Word")」では、Replace 関数により、E列 i 行目のセルの値において"ワード"という文字列を"Word"に置換しています（Replace 関数については**第9章レッスン1**の**5.**にて解説しました）。

段階 **5.** 表示形式を変更する（NumberFormatLocal プロパティ）

セルの表示形式を適切に変更することも重要です。セルの表示形式とは、セルの見た目上の表示のことです。

例えば、日付や数値などは、同じデータでもセルの表示形式によって見え方は様々に変化します。

ここでは、日付の表示形式を"yyyy/mm/dd"形式に、数値の表示形式を桁区切りスタイルに変更していきます。

シート「作業シート」

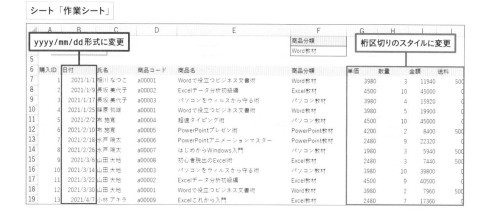

[例5]シート「作業シート」において、以下を行う

- ・[日付]列のセルの表示形式を、yyyy/mm/ddの形式に変更する
- ・[単価][数量][金額][送料]列のセルの表示形式を、桁区切りスタイル(99,999のような形式)に変更する(ただし、上記はセルの値が「0」だった場合には表示を省略しないようにする)

例

```
Sub example13_3_5()

    '作業シートをアクティブにする
    Sheets("作業シート").Activate

    '表示形式を変更
    Columns("B").NumberFormatLocal = "yyyy/mm/dd"      '①
    Columns("G:J").NumberFormatLocal = "#,##0"         '②

End Sub
```

- ①②で使用している「.NumberFormatLocal」プロパティは、書式記号という文字列を代入することで、セルの表示形式を変更できます。詳しくは次ページの「補足」にて解説しています。
- ①では、「Columns("B")」でB列を指定し、NumberFormatLocalプロパティに

最終章 ▼ 実用マクロを作ろう!

343

"yyyy/mm/dd" を代入しています。

- ②では、「Columns("G:J")」でG列〜J列を範囲指定し、NumberFormatLocal プロパティに "#,##0" を代入しています。"#,##0" という書式記号により、3桁おきに桁区切りのカンマ（,）を表示し、もし値が0でも、省略されずに「0」と表示する書式になります（詳しくはダウンロードPDF教材の**補講Bレッスン3**にて、他の書式記号と比較して説明しています。ダウンロード元はⅲページ参照）。

セルの表示形式とは？

セルの表示形式とは、セルの見た目上の表示のことです。

例えば、セルの値は同じ「99999」でも、セルの表示形式によって右のように見た目を変更できます。

表 13-3-1

見た目	説明
99,999	カンマ区切り
¥99999	通貨(円)
99999.0	小数点以下1桁

セルの表示形式を変更する

セルの表示形式は、NumberFormatLocal プロパティで設定できます。

> **書式**
>
> Rangeオブジェクト.<u>NumberFormatLocal</u> = 書式記号

- 右辺には、「書式記号」と呼ばれる文字列を記述します（「書式指定文字」と呼ばれることもあります）。

以下に、よく使われる書式記号を紹介します。

表 13-3-2 **日付関連の書式記号（よく使われるもの）**

書式記号	説明
yyyy	西暦の年
m	月（1桁の月の場合は1桁で表記）
mm	月（1桁の月の場合は先頭に0を付加して「01」などと表記）
d	日（1桁の日の場合は1桁で表記）
dd	日（1桁の日の場合は先頭に0を付加して「01」などと表記）
ggg	元号（例：「令和」）
e	和暦の年
ggge	元号＋年（例：「令和3」）

表 13-3-3 **数値関連の書式記号（よく使われるもの）**

書式記号	説明
#	1桁の数値（その桁の数値がない場合は何も入らない）
0	1桁の数値（その桁の数値がない場合も0が入る）
#,###	3桁おきにコンマ区切り（0の場合は何も入らない）
#,##0	3桁おきにコンマ区切り（0の場合は0が入る）

表 13-3-4 **文字列関連の書式記号**

書式記号	説明
@	文字列

確認問題

教材ファイル「最終章レッスン3確認問題.xlsm」を使用します。

	A	B	C	D	E	F	G	H	I	J
1										
2										
3							商品名			
4							業務用ストロー			
5										
6	日付	注文番号	請求書No	会社名	氏名	商品ID	商品名	単価	個数	金額
7	2021/12/31	1		表計算コーポ	喜多岡 麻理奈	2	コーヒー豆	10000	17	
8	2021/12/31	2		表計算コーポ	喜多岡 麻理奈	7	業務用 ストロー	900	27	
9	2021/12/31	3		表計算ｺｰﾎﾟ	喜多岡 麻理奈	10	特上 カレーセット	2500	27	
10	2021/12/31	4		表計算 コーポ	喜多岡 麻理奈	11	究極カレーセット	3000	27	
11	2021/12/31	5		表計算コーポ	喜多岡 麻理奈	5	特製クッキー	2500	16	
12	2021/12/31	6		表計算ｺｰﾎﾟ	喜多岡 麻理奈	8	業務用マドラー	1300	11	
13	2022/1/15	1		エクセル運輸	豊前 琴子	8	業務用マドラー	1300	49	
14	2022/1/15	2		エクセル運輸	豊前 琴子	8	業務用マドラー	1300	22	
15	2022/1/15	3		エクセル運輸	豊前 琴子	7	業務用ストロー	900	43	
16	2022/1/15	4		ｴｸｾﾙ運輸	豊前 琴子	5	特製クッキー	2500	43	
17	2022/1/15	5		エクセル運輸	豊前 琴子	2	コーヒー 豆	10000	33	
18	2022/1/15	6		エクセル運輸	豊前 琴子	11	究極カレーセット	3000	26	

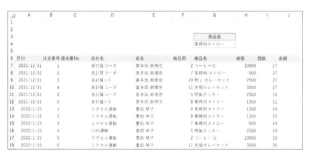

動画レッスン13-3t

https://excel23.com/vba-juku/chap13-lesson3test/

1. 演算：

シート「作業シート」において、以下を行ってください。

- **[単価] のセル×[個数] のセルの計算結果を [金額] セルに代入する**
- **上記をシートの7行目から最終行まで繰り返す**

2. 条件分岐：
   シート「作業シート」において、以下を行ってください。

   - もし［金額］が100000以上の場合、［金額］のセルを太字にする
   - 上記にあてはまらない場合は、太字を解除する
   - 上記をシートの7行目から最終行まで繰り返す

3. データ整形：
   シート「作業シート」において、以下を行ってください。

   - ［会社名］列のセルの値において半角文字を全角に変換して上書きする
   - ［商品名］列のセルの値において、半角スペースを削除する（Replace関数を使用）
   - 上記をシートの7行目から最終行まで繰り返す

4. 表示形式の変更：
   シート「作業シート」において、以下を行ってください。

   - ［日付］列のセルの表示形式を、yyyy.mm.ddの形式に変更する
   - ［単価］［個数］［金額］列のセルの表示形式を、桁区切りスタイル（99,999のような形式）に変更する（ただし、上記はセルの値が「0」だった場合には表示を省略しないようにする）。

5. その他の処理：
   シート「作業シート」において、以下を行ってください。

   - ［請求書No］列に、以下の2つを結合した文字列を代入する
     1. ［日付］を "yyyymmdd" 形式に変換した文字列
     2. 「-」につづけて［注文番号］を付加した文字列

     ［例］［日付］が「2021/12/31」、［注文番号］が「3」の場合
        →［請求書No］には「20211231-3」という文字列を代入する

※模範解答は、379ページに掲載しています。

レッスン**4**
データ抽出、抽出結果を別シートに転記

XLSM 教材ファイル「**最終章レッスン4.xlsm**」を使用します。

▶ 動画レッスン13-4

https://excel23.com/vba-juku/chap13-lesson4/

段階**6.** データを抽出する（フィルター）

次に、「AutoFilter メソッド」を利用して、データ抽出を行います。

［商品分類］列において、特定の商品分類でフィルターします。

抽出の基準（条件）は、作業シートのセルF4から参照します（なお、セルF4は、クリックするとドロップダウン形式で候補から選択できるようになっています）。

シート「作業シート」

[例6] シート「作業シート」において、以下を行う

- AutoFilter メソッドを使って、［商品分類］列の値が、セルF4の値に一致するデータを抽出する
- ただし、上記の処理の前に、前回のフィルターを解除するコードも記述しておく

例

```
Sub example13_4_6()

    '作業シートをアクティブにする
    Sheets("作業シート").Activate
```

```
         '前回のフィルターを解除
         Range("A6").AutoFilter                            '①

         'フィルターを適用
         Range("A6").AutoFilter 6, Range("F4").Value        '②

     End Sub
```

- ①もしマクロを複数回実行した場合、前回のフィルター結果がそのまま残っている場合
  があります。それを解除するために、AutoFilterメソッドを引数なしで記述しています
  （フィルターを解除するコードについては、**第10章レッスン1**の**5.**にて解説しました）。
- ②AutoFilterメソッドの第1引数（フィルター）を「6」とすることで、表の6列目の
  ［商品分類］列を指しています。また、第2引数（基準1）を「Range("F4").Value」
  とすることで、セルF4にある文字列に一致するデータを抽出します（AutoFilterメソッ
  ドの基本的な使い方については、**第10章レッスン1**の**3.**にて解説しました）。

補足

ユーザーを迷わせない画面設計 (ユーザーインターフェース)

教材ファイルの「作業シート」では、セルF4に「入力規則」を適用してあり、ド
ロップダウンで値を選択できるようになっています。ドロップダウンで選択できると、
ユーザーは候補から選ぶだけなので、入力ミスする確率が減ります。
このように、ユーザーが操作方法に迷わないよう画面設計（ユーザーインターフェー
ス）を整えることも重要です。

入力規則の使い方

1 セルを選択→［データ］タブ→［データの入力規則］

2 ［設定］タブで、入力の種類：「リスト」に設定

3 「元の値」にカンマ区切りで直接データを入力する（数式で参照させることも可能）

課題ファイルでは、**3** の元の値をシート「商品分類一覧」から参照しています。

重複のないリストを作る

- 教材ファイルのシート「商品分類一覧」に、重複のないリストを作っておきます。
- 重複のないリストを作るには、テーブル機能の「重複データの削除」を利用するか、Microsoft365版で使える「UNIQUE関数」を使用すると便利です（詳しくは動画レッスンで解説します）。

入力規則で、最終行まで自動で参照する

［入力規則］にて、商品分類一覧の最終行まで自動的に参照させるには、次のような数式を入力します（詳しくは動画レッスンで解説します）。

```
=OFFSET(商品分類一覧!$A$2,,,COUNTA(商品分類一覧!$A:$A)-1)
```

段階 **7.** 抽出結果を別シートにコピーする

「段階 **6.**」でデータ抽出したシートのままでは、表示している行と非表示になっている行が混在しています。そのままでは、集計などを行う際に、非表示の行まで一緒に集計されてしまう恐れがあります。

そこで、データ抽出した結果だけを、別シートに転記しておきます。

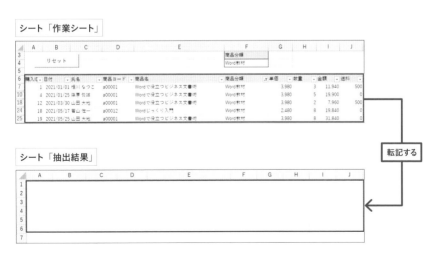

フィルター結果をコピーして、シート「抽出結果」へ転記します。

[例7] 段階 **6.** でデータ抽出をした後、以下を行う
- シート「作業シート」のフィルター結果である表全体をコピーし、シート「抽出結果」のA1に転記する
- なお、上記の前に、シート「抽出結果」のセル範囲全体をクリアしておく
- また、シート「作業シート」のフィルターを解除しておく
- その後、シート「抽出結果」をアクティブにしておく

```
Sub example13_4_7()

    '作業シートをアクティブにする
    Sheets("作業シート").Activate

    '抽出結果シートの全セル範囲をクリア
    Sheets("抽出結果").Cells.Clear                 '①

    '作業シート→抽出結果シートへコピー
    Range("A6").CurrentRegion.Copy _改行
        Sheets("抽出結果").Range("A1")              '②

    '作業シートのフィルターを解除
    Range("A6").AutoFilter                        '③

    '抽出結果シートをアクティブにする
    Sheets("抽出結果").Activate                    '④

End Sub
```

- ①マクロを何度も実行する場合、シート「抽出結果」には、前回にコピーした結果が残ったままになります。そこで、前回の結果をクリアするために、「Cells.Clear」というコードで、全セル範囲をクリアしておきます。なお、「Cells」と引数なしで記述す

ることで、シート内の全セルを指定することができます。

- ②「Range("A6").CurrentRegion.Copy」というコードにより、セルA6を含む表全体をコピーします。また、引数の「Sheets("抽出結果").Range("A1")」により、シート「抽出結果」のセルA1が貼り付け先となります（フィルター抽出結果を別シートへコピーする方法については、**第10章レッスン1**の『[補足]**抽出結果をコピーするには?**』にて解説しています）。
- ③で「作業シート」のフィルターを解除しています。
- ④で「抽出結果」シートをアクティブに変更しています。

段階 **8.** アウトプット (成果物) の書式を整える

ここまでの工程で、成果物の元になる「抽出結果」シートができました。
続いて、「抽出結果」シートの見た目を整えるため、書式を変更します。
罫線の設定やフォントの設定、列幅の調整などを行います。

シート「抽出結果」

	A	B	C	D	E	F	G	H	I	J	
1	購入ID	日付	氏名	商品コード	商品名	商品分類	単価	数量	金額	送料	太字
2	1	2021/01/01	相川 なつこ	a00001	Wordで役立つビジネス文書術	Word教材	3,980	3	11,940	500	
3	4	2021/01/25	篠原 哲雄	a00001	Wordで役立つビジネス文書術	Word教材	3,980	5	19,900	0	
4	12	2021/03/30	山田 大地	a00001	Wordで役立つビジネス文書術	Word教材	3,980	2	7,960	500	
5	18	2021/05/17	若山 佐一	a00012	Wordじっくり入門	Word教材	2,480	8	19,840	0	
6	19	2021/05/25	山田 大地	a00001	Wordで役立つビジネス文書術	Word教材	3,980	8	31,840	0	
7											

列幅を自動調整

表全体に罫線 (格子) を適用

シート「抽出結果」において、罫線やフォントの書式の適用、列幅の調整を行います。

[例8]・表全体に罫線 (格子) を適用する

・タイトル行 (シートの1行目) のフォントを太字にする

・B列とE列の列幅を自動調整する

例

```
Sub example13_4_8()
```

```
        '抽出結果シートをアクティブにする
        Sheets("抽出結果").Activate

        '罫線
        Range("A1").CurrentRegion.Borders().LineStyle = _改行
            xlContinuous  ◀─────────────────────── '①

        '太字
        Range("A1:J1").Font.Bold = True  ◀──────── '②

        '列の自動調整
        Range("B1,E1").EntireColumn.AutoFit  ◀───── '③

    End Sub
```

- ①「`Range("A1").CurrentRegion`」により、セルA1を含んでいる表全体を指定します。また、「`.Borders().LineStyle = xlContinuous`」は、セル範囲に格子の罫線を適用する定型コードです。
- ②「`.Font.Bold`」プロパティに「`True`」を代入することで、フォントに太字を適用しています。
- ③「`Range("B1,E1").EntireColumn`」により、セルB1とE1を含む列全体を同時に指定しています。また、「`.AutoFit`」により列幅を自動調整しています。

①～③で紹介した定型コードやプロパティの使い方については、本書で解説する機会がありませんでしたが、動画レッスンで詳しく解説していますので、ぜひご覧ください。また、ダウンロードPDF教材の以下の箇所で解説しています（ダウンロード元はⅲページ参照）。

①定型コード……**補講Aレッスン2**の『[補足] もっと簡単に罫線（格子）を適用するウラ技コード』
②セルのフォントの書式の変更方法……**補講Aレッスン1**
③複数列を同時に自動調整する方法……**補講Bレッスン2**の『[補足] 飛び飛びの列を自動調整するには?』

段階 **9.** Excelブックに出力して保存する

最後に、アウトプット（成果物）を、新しいブックに出力して保存します。

ここでは、シート「抽出結果」を新しいブックにコピーし、そのブックに名前をつけて保存しましょう。

シート「抽出結果」

	A	B	C	D	E	F	G	H	I	J
1	購入ID	日付	氏名	商品コード	商品名	商品分類	単価	数量	金額	送料
2	1	2021/01/01	相川 なつこ	a00001	Wordで役立つビジネス文書術	Word教材	3,980	3	11,940	500
3	4	2021/01/25	篠原 哲雄	a00001	Wordで役立つビジネス文書術	Word教材	3,980	5	19,900	0
4	12	2021/03/30	山田 大地	a00001	Wordで役立つビジネス文書術	Word教材	3,980	2	7,960	500
5	18	2021/05/17	若山 佐一	a00012	Wordじっくり入門	Word教材	2,480	8	19,840	0
6	19	2021/05/25	山田 大地	a00001	Wordで役立つビジネス文書術	Word教材	3,980	8	31,840	0

シートを新しいブックにコピーして保存

ブック名に利用

Word教材_抽出結果.xlsx

[例9] シート「抽出結果」を新しいブックにコピーし、新しいブックを保存する（ただし、すでに同じブックが存在する場合は強制的に上書き保存すること）

その後、新しいブックは閉じておく

・ブック名：セルF2の文字列につづけて「_抽出結果.xlsx」というファイル名とする

（例：Word教材_抽出結果.xlsx）

・保存場所：このブック（マクロ有効ブック）と同じフォルダー

例

```
Sub example13_4_9()

    'シートをコピーして新規ブックへ出力
    ThisWorkbook.Sheets("抽出結果").Copy                '①

    '警告をオフにする
    Application.DisplayAlerts = False                  '②

    '新規ブックを保存
    ActiveWorkbook.SaveAs _改行                         '③
```

```
        ThisWorkbook.Path & "¥" & Range("F2").Value & _ 改行
            "_抽出結果.xlsx"

    '警告をオンにする
    Application.DisplayAlerts = True

    '新規ブックを閉じる
    ActiveWorkbook.Close                              '④

End Sub
```

- ① 「ThisWorkbook」により、このブック（マクロ保存ブックそのもの）を指定します。また、「.Sheets("抽出結果").Copy」により、シート「抽出結果」をコピーし、新しいブックに出力しています（シートをコピーして新しいブックに出力するコードについては、**第12章レッスン2**の**6.**にて解説しました）。

- ② 「Application.DisplayAlerts = False」〜「Application.DisplayAlerts = True」の間は、SaveAsメソッドで保存しようとしているブック名と同じブックがすでに存在している場合でも、警告メッセージを表示することなく強制的に上書き保存します（このコードについては、**第12章レッスン2**の『［補足］すでに同じ名前のブックが存在する場合にはどうしたらいい?』にて解説しました）。

- ③ は、「ActiveWorkbook.SaveAs」により、現在アクティブなブックに名前をつけて保存します（ブックに名前を付けて保存するコードについては**第12章レッスン2**の**3.**で解説しました）。SaveAsメソッドの引数において、「ThisWorkbook.Path」でこのブック（マクロ保存ブック）の保存場所のパスを取得します。「&」は文字列を連結する演算子です。"¥"は、パスとブック名をつなぐ記号です。「Range("F2").Value」で、セルF2の値を取得し、ブック名の先頭に使用します。最後に、"_抽出結果.xlsx"という文字列が、ブック名の末尾と拡張子です。

  上記を「&」で連結した結果、例えば「Word教材_抽出結果.xlsx」のようなブック名でこのブック（マクロ保存ブック）と同じフォルダーに保存されます。

- ④ 「ActiveWorkbook.Close」により、新規ブックを閉じます。

確認問題

XLSM 教材ファイル「最終章レッスン4確認問題.xlsm」を使用します。

シート「作業シート」

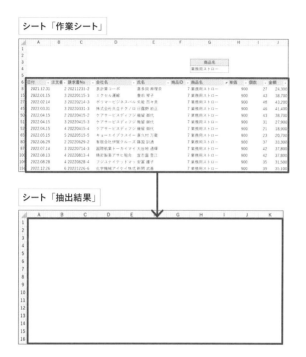

▶ 動画レッスン13-4t

https://excel23.com/
vba-juku/chap13-
lesson4test/

シート「抽出結果」

1. データ抽出

シート「作業シート」において、以下の条件で表からデータ抽出してください。

フィールド：[商品名]列

基準：セルG4の値に一致する

上記の前に、前回のフィルターを解除するコードを記述してください。

2. 抽出結果を別シートにコピー

- シート「抽出結果」のすべてのセル範囲をクリアする
- シート「作業シート」のフィルター結果の表全体をコピーし、シート「抽出結果」のA1に転記する
- シート「作業シート」のフィルターを解除する
- シート「抽出結果」をアクティブにする

最終章 ▼ 実用マクロを作ろう！

355

3. アウトプット (成果物) の書式を整える

シート「抽出結果」において、以下を行ってください。

- 表全体に罫線 (格子) を適用する
- タイトル行 (シートの1行目) のフォントを太字にする
- A列、D列、E列、G列においてそれぞれ列幅を自動調整する

4. Excelブックに出力して保存する

シート「抽出シート」を新しいブックにコピーし、新しいブックを保存してください (ただし、すでに同じブックが存在する場合は強制的に上書き保存してください)。

その後、新しいブックは閉じてください。

ブック名：セル G2 の文字列につづけて 「_抽出結果 .xlsx」とする (例：業務用ストロー_抽出結果 .xlsx)

保存場所：このブック (マクロ有効ブック) と同じフォルダー

※模範解答は、380ページに掲載しています。

レッスン **5**
プロシージャを1つにまとめる

XLSm 教材ファイル「最終章レッスン5.xlsm」を使用します。

▶ 動画レッスン13-5

https://excel23.com/
vba-juku/chap13-
lesson5/

段階 **10.** プロシージャを1つにまとめる (部品をまとめる)

段階 **1.** ～ **9.** までは、部品ごとにプロシージャを作り、部品ごとにテストして、正しく動作することを確認しました。そこで最後に、部品をまとめて1つのプロシージャに統合させます。

統合する際には、以下のポイントに注意しましょう。

- 同じ変数の宣言は1つにまとめる（maxRow、i など）
- 同じ処理の重複は1つにまとめる（最終行の取得など）
- 同じ繰り返しは1つにまとめる（For ～Next 構文）
- コードは上から順に実行されることを意識し、順番を再考する

ここまで記述した部品ごとのプロシージャを、

- 「Sub データを取り込んで整形」
- 「Sub データを抽出して出力」

という2つのプロシージャにまとめていきます。

[例10] ・ 段階 **1.** ～ **5.** のコードを1つにまとめて整理し、「Sub データを取り込んで整形」
というプロシージャを作成する

・ 段階 **6.** ～ **9.** のコードを1つにまとめて整理し、「Sub データを抽出して出力」と
いうプロシージャを作成する

コードを整理してまとめるプロセスは、文章だけの説明では非常に難解になってしまいます。
ぜひ、本書に連動のレッスン動画も一緒にご覧ください。

以下に、完成後のコードを掲載します。

最終章 ▼ 実用マクロを作ろう!

```
Sub データを取り込んで整形()

    '(段階1)元データを作業シートにコピーする
    Sheets("作業シート").Range("A6").CurrentRegion.Clear
    Sheets("売上一覧").Range("A1").CurrentRegion.Copy _改行
        Sheets("作業シート").Range("A6")

    '作業シートをアクティブにする
    Sheets("作業シート").Activate

    '最終行を取得
    Dim maxRow As Long
    maxRow = Cells(Rows.Count, 1).End(xlUp).Row

    '繰り返し
    Dim i As Long
    For i = 7 To maxRow

        '(段階2)金額を計算
        Cells(i, "I").Value = _改行
            Cells(i, "G").Value * Cells(i, "H").Value

        '(段階3)送料を代入
        If Cells(i, "I").Value < 15000 Then
            Cells(i, "J").Value = 500
        Else
            Cells(i, "J").Value = 0
        End If

        '(段階4)データを整形
        Cells(i, "D").Value = _改行
            StrConv(Cells(i, "D").Value, vbNarrow)
        Cells(i, "E").Value = _改行
            Replace(Cells(i, "E").Value, "ワード", "Word")

    Next i

    '(段階5)表示形式を変更
    Columns("B").NumberFormatLocal = "yyyy/mm/dd"
    Range("G:J").NumberFormatLocal = "#,##0"

End Sub
```

- 段階 **1.** では、元データの「売上一覧」シートから表をコピーし、「作業シート」に貼り付けます。
- 繰り返しのFor ～ Next構文に、段階 **2.** ～ **4.** のコードをすべてまとめて記述しています。
- 最後に、段階 **5.** で表示形式を変更しています。

［完成後のコード②］ Sub データを抽出して出力

```
Sub データを抽出して出力()

    '作業シートをアクティブにする
    Sheets("作業シート").Activate

    '- - - - - - - - - - - - - - - - - - - - - - - - - - - - - - - - - - - -
    '(段階6)データを抽出する

    Range("A6").AutoFilter                    '前回のフィルターを解除
    Range("A6").AutoFilter 6, Range("F4").Value

    '- - - - - - - - - - - - - - - - - - - - - - - - - - - - - - - - - - - -
    '(段階7)抽出結果を別シートにコピー

    Sheets("抽出結果").Cells.Clear            '前回のコピーをクリア
    Range("A6").CurrentRegion.Copy Sheets("抽出結果").Range("A1")
    Range("A6").AutoFilter                    'フィルター解除

    '抽出結果シートをアクティブにする
    Sheets("抽出結果").Activate

    '- - - - - - - - - - - - - - - - - - - - - - - - - - - - - - - - - - - -
    '(段階8) 書式を整える

    '罫線
    Range("A1").CurrentRegion.Borders().LineStyle = xlContinuous
    '太字
    Range("A1:J1").Font.Bold = True
    '列の自動調整
    Range("B1,E1").EntireColumn.AutoFit

    '- - - - - - - - - - - - - - - - - - - - - - - - - - - - - - - - - - - -
    '(段階9)Excelブックに出力して保存する

    'シートをコピーして新規ブックに出力
    ThisWorkbook.Sheets("抽出結果").Copy
```

```
        Application.DisplayAlerts = False          '警告をオフにする

        '新規ブックを保存
        ActiveWorkbook.SaveAs  改行
            ThisWorkbook.Path & "¥" & Range("F2").Value & "_抽出結果.xlsx"

        Application.DisplayAlerts = True           '警告をオンにする

        '新規ブックを閉じる
        ActiveWorkbook.Close

    End Sub
```

- 段階 **6.** でデータ抽出を行い、その結果を段階 **7.** で別シートにコピーしています。
- 段階 **8.** で書式を整え、最後に段階 **9.** で Excel ブックに出力して保存しています。

上記のコードは、段階ごとにコードをブロックに分け、コメントで「' - - - - - - - - - -」という
区切り線を記述しています。この線は決まった書式があるわけではなく、コードを読みやす
くするために筆者がよく記述している書き方です。
このように、コードのかたまりごとに処理内容がブロックのように分かれている場合、コメン
トで区切り線を入れるなどして視覚的に分かりやすくするのも、よくある方法です。

確認問題

 教材ファイル「最終章レッスン5確認問題.xlsm」を使用します。

ブックには、本章のレッスン**2**〜レッスン**4**の確認問題で記述したコードが保存されています。

 動画レッスン13-5t

- レッスン**2**、レッスン**3**の確認問題のコードを1つにまとめて整理し、「Sub データを取り込んで整形」というプロシージャを作成してください。

https://excel23.com/
vba-juku/chap13-
lesson5test/

- レッスン**4**の確認問題のコードを1つにまとめて整理し、「Sub データを抽出して出力」というプロシージャを作成してください。

※模範解答は、381ページに掲載しています。

最終章 ＞ 実用マクロを作ろう！

おわりに

やったッス！ ついにマクロが完成したっす！
今まで何十分もかかっていたExcel作業が、マクロを使って数秒で済ませられるようになったッス！

おめでとう！ ここまでよく学習したね！

ここから先は、何をしたらいいッスか？

やっぱり、実用マクロを作ることがVBAの一番の上達法の1つだね。
身の回りの作業を自動化するマクロ作りにどんどん挑戦していこう！
そして僕からもう1つ念を押したいのは、「マクロ作りは、カンニングOK」ということ。
コードを丸暗記することに重点を置くのではなく、本書やその他の情報を参考にしながら、マクロを作って目的を達成することに重点を置いていこう。

また分からないことがあったら、本書に戻って復習するッス！

その調子！ これからもどんどん実用マクロを作って、仕事する時間を減らしていこう！

本書をお読みいただき、ありがとうございました！

役立つWebサイトとその活用法

これから自分で仕事のマクロを作っていく際には、本書には書いていない知識や
スキルが必要になることも多々あるでしょう。そんなときは、Webで検索して情報
を調べることもおすすめします。

ここでは、筆者もよく利用しているおすすめのWebサイトを紹介します。

Excel VBA リファレンス（Microsoft Learn）

https://learn.microsoft.com/ja-jp/office/vba/api/overview/excel

Microsoftの運営する、「Microsoft Learn」というサイトです。公式な情報です
ので、最も信頼性のある情報といえるでしょう。ただし、もともとは英語のサイト
が日本語に自動翻訳され表示されているので、誤訳があったり、少々ニュアンス
が分かりにくい文章があったりもします。適宜、英語モードに切り替えて原文を
読み取る根気が必要になることもあります。

また、VBA専用のサイトではないため、サイト内で検索して目的の情報を見つけ
るのにはあまり向かないかもしれません。

筆者の個人的な活用法は以下の2つです。

①VBEのコードウィンドウで、気になるキーワードをクリックした状態で「F1」
　キーを押すと、自動的に「Microsoft Learn」の説明ページが開くので、その
　ページを参照する。

②Google検索などで「VBA［調べたいキーワード］Learn」のように、「VBA」
　と「調べたいキーワード」と「Learn」を組み合わせて検索すると、たいてい
　の場合は検索上位にこのMicrosoft Learnのページを見つけることができる。

繰り返しますが、公式の堅い文章かつ英語を自動翻訳したサイトなので、初心者
の方にはとっつきにくいかもしれません。次に紹介するサイトも併せて参照するこ
とをおすすめします。

エクセルの神髄

https://excel-ubara.com/

経験豊富な開発者である山岡誠一様によるサイトです。実務に即した知識を、

初心者にも理解できるよう、話し言葉とサンプルコードを交えて非常に分かりやすく解説されたサイトです。

Office TANAKA

http://officetanaka.net

セミナー・講演でも人気の田中亨様の公式サイトです。VBA初心者のよくある勘違いに対するツッコミなどを交えながら、面白くも軽快な語り口調で、かつ深く掘り下げて解説されています。

インストラクターのネタ帳

https://www.relief.jp/

経験豊富なインストラクターの伊藤潔人様のサイトです。実際に検索されたキーワードに回答する記事内容も多く、そのため、何かを検索しているとこのサイトに辿り着く機会も非常に多いでしょう。

いつも隣にITのお仕事

https://tonari-it.com/

経験豊富な開発者で、ノンプログラマー向けの学習コミュニティも手掛けられている高橋宣成様のサイトです。Excel VBAに限らずWordやOutlookのVBAや、VBA以外の他言語も幅広く解説されています。

moug（モーグ）

https://www.moug.net/

サンプルコードを用いて簡潔に解説された記事が多数あります。Officeスキル認定資格「MOS」や「VBAエキスパート」などを運営する株式会社オデッセイコミュニケーションズ様によるサイトです。

他にも筆者が利用している有益なサイトは多々あるのですが、ページ数の関係でここまでとさせていただきます。

これらのWebサイトをどのように活用するか？ ということですが、筆者の場合、1つの調べ物に対して複数のサイトを斜め読みしています。

例えば、Googleなどで検索する際に、

- 「VBA［調べたいワード］Learn」…（Microsoft Learnの記事を調べたい）
- 「VBA［調べたいワード］神髄」…（Excelの神髄の記事を調べたい）
- 「VBA［調べたいワード］TANAKA」…（Office TANAKAの記事を調べたい）
- （その他、「ネタ帳」「いつも隣に」「moug」などのキーワードを組み合わせて検索）

などのキーワードで同時に検索して参考にしています。

というのも、複数のサイトを参照すると、1つの物事に対して色んな視点から学べるからです。

同じ1つの物事でも、あるサイトでは「図」を用いて解説し、あるサイトでは「初心者によくある間違い」を解説し、あるサイトでは「実務でどう使っているか」を解説し…という具合に、様々な視点から知識を得ることができます。

本書を読んでVBAの知識・スキルの土台を築いた後には、上記で紹介したような有益な参考サイトなども活用しながら、ご自身のマクロの開発に必要な情報をどんどん調べてみてください。

最後に、筆者自身のサイトも紹介させていただきます。

エクセル兄さん（たてばやし淳）（公式サイト）

https://excel23.com/

第3章 レッスン1

```
Sub SayGoodBye()
    MsgBox "お先に失礼します"
End Sub
```

第3章 レッスン2

```
Sub 問題1()
    MsgBox "お疲れ様です"
End Sub

Sub 問題2()
    MsgBox 1000
End Sub

Sub 問題3()
    Debug.Print "お世話になっております"
End Sub

Sub 問題4()
    Debug.Print 9999
End Sub
```

第3章 レッスン3

この問題は、特にコードを記述する必要はありません。ボタンの操作方法については、動画による解答解説をご覧ください。

第3章 レッスン4

```
Sub 問題1()
    MsgBox 1000 + 3000
End Sub

Sub 問題2()
    MsgBox "鈴木" & "太郎"
End Sub

Sub 問題3()
    Debug.Print 2000 + 4000
End Sub

Sub 問題4()
    Debug.Print "消費税率" & "10%"
End Sub

Sub 問題5()
    Debug.Print "合計個数" & 30
End Sub
```

第4章 レッスン1

```vba
Sub 問題1()
    MsgBox Range("A1").Value
End Sub

Sub 問題2()
    Range("D2").Value = 75
End Sub

Sub 問題3()
    Range("C4").Value = "パソコン教材"
End Sub

Sub 問題4()
    Range("B1").Select
End Sub

Sub 問題5()
    Range("A1:D9").Select
End Sub
```

第4章 レッスン2

```vba
Sub 問題1()
    MsgBox Cells(1, "A").Value    'Cells(1, 1).Valueでも可。以下同様
End Sub

Sub 問題2()
    Cells(2, "D").Value = 75
End Sub

Sub 問題3()
    Cells(4, "C").Value = "パソコン教材"
End Sub

Sub 問題4()
    Cells(1, "B").Select
End Sub

Sub 問題5()
    Cells(9, "D").Select
End Sub
```

第4章 レッスン3

```vba
Sub 問題1()
    Range("A9:D9").Clear
End Sub

Sub 問題2()
    Range("C8").ClearContents
End Sub

Sub 問題3()
    Range("C4").Copy Range("C8")
End Sub
```

```
Sub 問題4()
    Range("A1:D8").Copy Range("F1")
End Sub

Sub 問題5()
    Range("A1:D8").Copy Range("A12")
End Sub
```

第**5**章 レッスン**1**

```
Sub 問題1()
    Range("B3").Value = 1800 + 260
End Sub

Sub 問題2()
    Range("B6").Value = 3980 / 2
End Sub

Sub 問題3()
    Range("D9").Value = Range("B9").Value * Range("C9").Value
End Sub

Sub 問題4()
    Range("D13").Value = Range("B13").Value ¥ Range("C13").Value
End Sub

Sub 問題5()
    Range("D18").Value = Range("C18").Value / Range("B18").Value
End Sub
```

第**5**章 レッスン**2**

```
Sub 問題1()
    Dim 金額 As Long
    金額 = 1800 + 260
    Range("B3").Value = 金額
End Sub

Sub 問題2()
    Dim 挨拶 As String
    挨拶 = "おはよう"
    MsgBox 挨拶
End Sub

Sub 問題3()
    Dim 挨拶 As String
    挨拶 = "こんばんは"
    Range("B9").Value = 挨拶
End Sub

Sub 問題4()
    Dim 数値 As Long
    数値 = Range("B13").Value
    Range("C13").Value = 数値 * 3
End Sub
```

```
Sub 問題5()
    Dim 単価 As Long
    Dim 数量 As Long

    単価 = Range("B19").Value
    数量 = Range("C19").Value

    Range("D19").Value = 単価 * 数量
End Sub
```

第6章 レッスン1

```
Sub 問題1()
    Dim i As Long
    For i = 1 To 5
        MsgBox "Hello"
    Next i
End Sub
```

```
Sub 問題2()
    Dim i As Long
    For i = 3 To 7
        MsgBox i
    Next i
End Sub
```

```
Sub 問題3()
    Dim i As Long
    For i = 9 To 11
        Cells(i, "B").Value = 1000
    Next i
End Sub
```

```
Sub 問題4()
    Dim i As Long
    For i = 16 To 18
        Cells(i, "C").Value = Cells(i, "B").Value * 0.9
    Next i
End Sub
```

```
Sub 問題5()
    Dim i As Long
    For i = 22 To 25
        Cells(i, "D").Value = Cells(i, "B").Value * Cells(i, "C").Value
    Next i
End Sub
```

第6章 レッスン2

```
Sub 問題1()
    Dim i As Long
    For i = 2 To 16 Step 2
        Cells(i, "D").Value = Cells(i, "B").Value * Cells(i, "C").Value
    Next i
End Sub
```

```
Sub 問題2()
    Dim i As Long
    For i = 15 To 3 Step -2
        Rows(i).Delete
    Next i
End Sub
```

第6章 レッスン3

```
Sub 問題1()
    Dim i As Long
    i = 2
    Do While Cells(i, "A").Value <= 50
        Cells(i, "G").Value = Cells(i, "E").Value * Cells(i, "F").Value
        i = i + 1
    Loop
End Sub
```

```
Sub 問題2()
    Dim i As Long
    i = 2
    Do Until Cells(i, "A").Value >= 100
        Cells(i, "G").Value = Cells(i, "E").Value * Cells(i, "F").Value
        i = i + 1
    Loop
End Sub
```

第7章 レッスン2

```
Sub 問題1()
    '最終行を取得
    Dim maxRow As Long
    maxRow = Cells(Rows.Count, 1).End(xlUp).Row

    'メッセージボックスで出力
    MsgBox maxRow
End Sub
```

```
Sub 問題2()
    '最終行を取得
    Dim maxRow As Long
    maxRow = Cells(Rows.Count, 1).End(xlUp).Row

    '繰り返し処理
    Dim i As Long
    For i = 2 To maxRow
        Cells(i, "E").Value = Cells(i, "C").Value * Cells(i, "D").Value
    Next i
End Sub
```

```
Sub 問題3()
    '最終行を取得
    Dim maxRow As Long
    maxRow = Cells(Rows.Count, 7).End(xlUp).Row
```

```
      'メッセージボックスで出力
      MsgBox maxRow
  End Sub
```

第8章 レッスン1

```
  Sub 問題1()
      If Cells(2, "D").Value >= 4000 Then
          MsgBox "割引対象です"
      End If
  End Sub

  Sub 問題2()
      If Cells(2, "D").Value >= 4000 Then
          Cells(2, "E").Value = "Yes"
      End If
  End Sub

  Sub 問題3()
      '最終行を取得
      Dim maxRow As Long
      maxRow = Cells(Rows.Count, 1).End(xlUp).Row

      '繰り返し処理
      Dim i As Long
      For i = 2 To maxRow
          If Cells(i, "D").Value >= 4000 Then
              Cells(i, "E").Value = "Yes"
          End If
      Next i
  End Sub

  Sub 問題4()
      If Cells(2, "B").Value Like "*Excel*" Then
          Cells(2, "C").Value = "Excel教材"
      End If
  End Sub

  Sub 問題5()
      '最終行を取得
      Dim maxRow As Long
      maxRow = Cells(Rows.Count, 1).End(xlUp).Row

      '繰り返し処理
      Dim i As Long
      For i = 2 To maxRow
          If Cells(i, "B").Value Like "*Excel*" Then
              Cells(i, "C").Value = "Excel教材"
          End If
      Next i
  End Sub
```

第**8**章 レッスン**2**

```vba
Sub 問題1()
    If Cells(2, "D").Value >= 4000 Then
        MsgBox "割引対象です"
    Else
        MsgBox "割引対象外です"
    End If
End Sub


Sub 問題2()
    If Cells(2, "D").Value >= 4000 Then
        Cells(2, "E").Value = "Yes"
    Else
        Cells(2, "E").Value = "No"
    End If
End Sub


Sub 問題3()
    '最終行を取得する
    Dim maxRow As Long
    maxRow = Cells(Rows.Count, 1).End(xlUp).Row

    '繰り返し処理
    Dim i As Long
    For i = 2 To maxRow
        If Cells(i, "D").Value >= 4000 Then
            Cells(i, "E").Value = "Yes"
        Else
            Cells(i, "E").Value = "No"
        End If
    Next i
End Sub


Sub 問題4()
    If Cells(2, "B").Value Like "*Excel*" Then
        Cells(2, "C").Value = "Excel教材"
    ElseIf Cells(2, "B").Value Like "*Word*" Then
        Cells(2, "C").Value = "Word教材"
    Else
        Cells(2, "C").Value = "その他教材"
    End If
End Sub


Sub 問題5()
    '最終行を取得する
    Dim maxRow As Long
    maxRow = Cells(Rows.Count, 1).End(xlUp).Row

    '繰り返し処理
    Dim i As Long
    For i = 2 To maxRow
        If Cells(i, "B").Value Like "*Excel*" Then
            Cells(i, "C").Value = "Excel教材"
        ElseIf Cells(i, "B").Value Like "*Word*" Then
            Cells(i, "C").Value = "Word教材"
        Else
```

```
                Cells(i, "C").Value = "その他教材"
            End If
        Next i
    End Sub
```

第9章 レッスン1

```
Sub 問題1()
    Cells(2, "B").Value = StrConv(Cells(2, "B").Value, vbWide)
End Sub

Sub 問題2()
    Cells(2, "C").Value = Replace(Cells(2, "C").Value, "　", " ")
End Sub

Sub 問題3()
    Cells(2, "D").Value = Replace(Cells(2, "D").Value, "万円", "")
End Sub

Sub 問題4()
    Cells(2, "F").Value = StrConv(Cells(2, "F").Value, vbUpperCase)
End Sub

Sub 問題5()
    Cells(2, "B").Value = StrConv(Cells(2, "B").Value, vbWide)
    Cells(2, "C").Value = Replace(Cells(2, "C").Value, "　", " ")
    Cells(2, "D").Value = Replace(Cells(2, "D").Value, "万円", "")
    Cells(2, "F").Value = StrConv(Cells(2, "F").Value, vbUpperCase)
End Sub

Sub 問題6()
    '最終行を取得する
    Dim maxRow As Long
    maxRow = Cells(Rows.Count, 1).End(xlUp).Row

    '繰り返し処理
    Dim i As Long
    For i = 2 To maxRow
        Cells(i, "B").Value = StrConv(Cells(i, "B").Value, vbWide)
        Cells(i, "C").Value = Replace(Cells(i, "C").Value, "　", " ")
        Cells(i, "D").Value = Replace(Cells(i, "D").Value, "万円", "")
        Cells(i, "F").Value = StrConv(Cells(i, "F").Value, vbUpperCase)
    Next i
End Sub
```

第9章 レッスン2

```vba
Sub 問題1()
    Cells(2, "B").Value = Left(Cells(2, "A").Value, 3)
End Sub

Sub 問題2()
    Cells(2, "D").Value = Right(Cells(2, "A").Value, 3)
End Sub

Sub 問題3()
    Cells(2, "C").Value = Mid(Cells(2, "A").Value, 5, 1)
End Sub

Sub 問題4()
    Cells(2, "B").Value = Left(Cells(2, "A").Value, 3)
    Cells(2, "D").Value = Right(Cells(2, "A").Value, 3)
    Cells(2, "C").Value = Mid(Cells(2, "A").Value, 5, 1)
End Sub

Sub 問題5()
    '最終行を取得
    Dim maxRow As Long
    maxRow = Cells(Rows.Count, 1).End(xlUp).Row

    '繰り返し処理
    Dim i As Long
    For i = 2 To maxRow
        Cells(i, "B").Value = Left(Cells(i, "A").Value, 3)
        Cells(i, "D").Value = Right(Cells(i, "A").Value, 3)
        Cells(i, "C").Value = Mid(Cells(i, "A").Value, 5, 1)
    Next i
End Sub
```

第9章 レッスン3

```vba
Sub 問題1()
    Range("B1").Value = Date
End Sub

Sub 問題2()
    Cells(4, "D").Value = Day(Cells(4, "A").Value)
End Sub

Sub 問題3()
    If Cells(4, "D").Value Like "*7" Then
        Cells(4, "E").Value = "OK"
    End If
End Sub

Sub 問題4()
    Cells(4, "D").Value = Day(Cells(4, "A").Value)
    If Cells(4, "D").Value Like "*7" Then
        Cells(4, "E").Value = "OK"
    End If
End Sub
```

```
Sub 問題5()
    '最終行を取得
    Dim maxRow As Long
    maxRow = Cells(Rows.Count, 1).End(xlUp).Row

    '繰り返し処理
    Dim i As Long
    For i = 4 To maxRow
        Cells(i, "D").Value = Day(Cells(i, "A").Value)
        If Cells(i, "D").Value Like "*7" Then
            Cells(i, "E").Value = "OK"
        End If
    Next i
End Sub
```

第10章 レッスン1

```
Sub 問題1()
    Range("A1").AutoFilter 6, "3LDK"
End Sub

Sub 問題2()
    Range("A1").AutoFilter
    Range("A1").AutoFilter 4, "4,480"
End Sub

Sub 問題3()
    Range("A1").AutoFilter
    Range("A1").AutoFilter 2, "*ハウス*"
End Sub

Sub 問題4()
    Range("A1").AutoFilter
    Range("A1").AutoFilter 5, "*徒歩5分"
End Sub

Sub 問題5()
    Range("A1").AutoFilter
    Range("A1").AutoFilter 5, "JR京浜東北線*"
End Sub
```

第10章 レッスン2

```
Sub 問題1()
    Range("B2").AutoFilter
    Range("B2").AutoFilter 3, "???-T-???"
End Sub

Sub 問題2()
    Range("B2").AutoFilter
    Range("B2").AutoFilter 4, ">=25000"
End Sub

Sub 問題3()
    Range("B2").AutoFilter
    Range("B2").AutoFilter 1, ">=2021/5/7"
End Sub
```

第11章 レッスン1

```
Sub 問題1()
    Sheets(2).Activate
End Sub

Sub 問題2()
    Sheets("Sheet1").Range("D2").Value = "東京"
End Sub

Sub 問題3()
    Sheets(3).Activate
    ActiveSheet.Range("A2:J20").ClearContents
End Sub

Sub 問題4()
    Sheets("Sheet1").Range("A2:J20").Copy _
        Sheets("Sheet3").Range("A2")
End Sub
```

第11章 レッスン2

```
Sub 問題1()
    Sheets.Add Before:=Sheets(1)
    ActiveSheet.Name = "新規シート"
End Sub

Sub 問題2()
    Sheets("新規シート").Copy After:=Sheets(4)
End Sub

Sub 問題3()
    Application.DisplayAlerts = False
    Sheets(3).Delete
    Application.DisplayAlerts = True
End Sub
```

第11章 レッスン3

```
Sub 問題1()
    Dim i As Long
    For i = 1 To Sheets.Count
        Sheets(i).Range("A1:J1").Font.Bold = True
        Sheets(i).Columns("H:J").NumberFormatLocal = "#,###"
        Sheets(i).Range("A1").CurrentRegion.Borders().LineStyle = xlContinuous
    Next i
End Sub

Sub 問題2()
    Dim maxRow As Long
    Dim i As Long
    For i = 1 To 3
        '統合シートの最終行を取得
        maxRow = Sheets("統合シート").Cells(Rows.Count, 1).End(xlUp).Row
        '表をコピーする
        Sheets("Sheet" & i).Range("A1").CurrentRegion.Offset(1).Copy _
            Sheets("統合シート").Cells(maxRow + 1, 1)
```

```
        Next i
    End Sub
```

第12章 レッスン1

```
Sub 問題1()
    Workbooks("12章レッスン1確認問題.xlsm").Activate
End Sub

Sub 問題2()
    MsgBox ActiveWorkbook.Sheets(1).Range("B2").Value
End Sub

Sub 問題3()
    Workbooks(2).Activate
End Sub

Sub 問題4()
    Workbooks("12章レッスン1確認問題.xlsm").Sheets(1).Name = "2021年12月"
End Sub

Sub 問題5()
    Workbooks("12章レッスン1確認問題.xlsm").Sheets(1).Range("A1").CurrentRegion.Copy _
        Workbooks("Book1").Sheets(1).Range("A1")
End Sub
```

第12章 レッスン2

```
Sub 問題1()
    Workbooks.Add
    ActiveWorkbook.SaveAs ThisWorkbook.Path & "¥新規ブック.xlsx"
End Sub

Sub 問題2()
    ThisWorkbook.Save
End Sub

Sub 問題3()
    MsgBox ThisWorkbook.Path
End Sub

Sub 問題4()
    ThisWorkbook.SaveCopyAs ThisWorkbook.Path & "¥確認問題バックアップ.xlsm"
End Sub

Sub 問題5()
    ThisWorkbook.Sheets("Sheet1").Copy
    ActiveWorkbook.SaveAs ThisWorkbook.Path & "¥2021年12月.xlsx"
End Sub
```

第**12**章 レッスン**3**

```
Sub 問題1()
    Workbooks.Open ThisWorkbook.Path & "\12章レッスン3確認問題サンプル.xlsx"
End Sub


Sub 問題2()
    Workbooks("12章レッスン3確認問題サンプル.xlsx").Sheets("Sheet1").Range("D2").Value = "東京"
End Sub


Sub 問題3()
    Workbooks("12章レッスン3確認問題サンプル.xlsx").Close SaveChanges:=False
End Sub
```


第**12**章 レッスン**4**

```
Sub 問題1()
    Dim i As Long
    For i = 1 To Workbooks.Count
        If Workbooks(i).Name <> ThisWorkbook.Name Then
            With Workbooks(i).Sheets(1)
                .Range("A1:J1").Font.Bold = True
                .Columns("H:J").NumberFormatLocal = "#,###"
                .Range("A1").CurrentRegion.Borders().LineStyle = xlContinuous
            End With
        End If
    Next i
End Sub


Sub 問題2()
    Dim ブック名拡張子 As String
    ブック名拡張子 = Dir(ThisWorkbook.Path & "\*.xlsx")

    Do While ブック名拡張子 <> ""
        Workbooks.Open ThisWorkbook.Path & "\" & ブック名拡張子

        With ActiveWorkbook.Sheets(1)
            .Range("A1:J1").Font.Bold = True
            .Columns("H:J").NumberFormatLocal = "#,###"
            .Range("A1").CurrentRegion.Borders().LineStyle = xlContinuous
        End With

        ActiveWorkbook.Save
        ActiveWorkbook.Close

        ブック名拡張子 = Dir()
    Loop
End Sub
```

最終章 レッスン**2**

```
Sub 問題()
    Sheets("作業シート").Range("A6").CurrentRegion.Clear
    Sheets("受注データ").Range("A1").CurrentRegion.Copy _
        Sheets("作業シート").Range("A6")
End Sub
```

最終章 レッスン**3**

```
Sub 問題1()
    Sheets("作業シート").Activate

    Dim maxRow As Long
    maxRow = Cells(Rows.Count, 1).End(xlUp).Row

    Dim i As Long
    For i = 7 To maxRow
        Cells(i, "J").Value = Cells(i, "H").Value * Cells(i, "I").Value
    Next
End Sub

Sub 問題2()
    Sheets("作業シート").Activate

    Dim maxRow As Long
    maxRow = Cells(Rows.Count, 1).End(xlUp).Row

    Dim i As Long
    For i = 7 To maxRow
        If Cells(i, "J").Value >= 100000 Then
            Cells(i, "J").Font.Bold = True
        Else
            Cells(i, "J").Font.Bold = False
        End If
    Next
End Sub

Sub 問題3()
    Sheets("作業シート").Activate

    Dim maxRow As Long
    maxRow = Cells(Rows.Count, 1).End(xlUp).Row

    Dim i As Long
    For i = 7 To maxRow
        Cells(i, "D").Value = StrConv(Cells(i, "D"), vbWide)
        Cells(i, "G").Value = Replace(Cells(i, "G").Value, " ", "")
    Next
End Sub

Sub 問題4()
    Sheets("作業シート").Activate

    Columns("A").NumberFormatLocal = "yyyy.mm.dd"
    Columns("H:J").NumberFormatLocal = "#,##0"
End Sub
```

```vba
Sub 問題5()
    Sheets("作業シート").Activate

    Dim maxRow As Long
    maxRow = Cells(Rows.Count, 1).End(xlUp).Row

    Dim i As Long
    For i = 7 To maxRow
        Cells(i, "C").Value = Format(Cells(i, "A").Value, "yyyymmdd") & _
                              "-" & _
                              Cells(i, "B").Value
    Next
End Sub
```

最終章 レッスン**4**

```vba
Sub 問題1()
    Sheets("作業シート").Activate

    Range("A6").AutoFilter
    Range("A6").AutoFilter 7, Range("G4").Value
End Sub

Sub 問題2()
    Sheets("抽出結果").Cells.Clear

    Sheets("作業シート").Range("A6").CurrentRegion.Copy _
        Sheets("抽出結果").Range("A1")

    Sheets("作業シート").Range("A6").AutoFilter
    Sheets("抽出結果").Activate
End Sub

Sub 問題3()
    Sheets("抽出結果").Activate

    Range("A1").CurrentRegion.Borders().LineStyle = xlContinuous
    Rows(1).Font.Bold = True
    Columns("A").AutoFit
    Columns("D:E").AutoFit
    Columns("G").AutoFit

    'Range("A1,D1,E1,G1").EntireColumn.AutoFit で1行にまとめるのも可
End Sub

Sub 問題4()
    Sheets("抽出結果").Activate

    Sheets("抽出結果").Copy
    Application.DisplayAlerts = False
    ActiveWorkbook.SaveAs ThisWorkbook.Path & "¥" & _
                          Range("G2").Value & _
                          "_抽出結果.xlsx"
    Application.DisplayAlerts = True
    ActiveWorkbook.Close
End Sub
```

最終章 レッスン**5**

```
Sub データを取り込んで整形()

    'シート「受注データ」から「作業シート」へ表全体をコピーする
    Sheets("作業シート").Range("A6").CurrentRegion.Clear
    Sheets("受注データ").Range("A1").CurrentRegion.Copy _
        Sheets("作業シート").Range("A6")

    Sheets("作業シート").Activate

    '最終行を取得する
    Dim maxRow As Long
    maxRow = Cells(Rows.Count, 1).End(xlUp).Row

    '繰り返し処理
    Dim i As Long
    For i = 7 To maxRow

        '[単価]×[個数]の計算結果を[金額]に代入する
        Cells(i, "J").Value = Cells(i, "H").Value * Cells(i, "I").Value

        'もし[金額]が100000以上なら太字に、そうでなければ非太字にする
        If Cells(i, "J").Value >= 100000 Then
            Cells(i, "J").Font.Bold = True
        Else
            Cells(i, "J").Font.Bold = False
        End If

        '[会社名]列の半角文字を全角に変換し、
        '[商品名]列の半角スペースを削除する
        Cells(i, "D").Value = StrConv(Cells(i, "D"), vbWide)
        Cells(i, "G").Value = Replace(Cells(i, "G").Value, " ", "")

        '[日付]を"yyyymmdd"形式に変換した文字列と、「-」と、
        '[注文番号]を結合させ、[請求書No]に代入する
        Cells(i, "C").Value = Format(Cells(i, "A").Value, "yyyymmdd") & _
                              "-" & _
                              Cells(i, "B").Value
    Next

    '[日付]列の表示形式をyyyy.mm.ddの形式に、
    '[単価][個数][金額]列の表示形式を桁区切りスタイルに変更する
    Columns("A").NumberFormatLocal = "yyyy.mm.dd"
    Columns("H:J").NumberFormatLocal = "#,##0"

End Sub

Sub データを抽出して出力()

    Sheets("作業シート").Activate

    '作業シートの表を抽出する([商品名]がセルG4に一致するデータ)
    Range("A6").AutoFilter
    Range("A6").AutoFilter 7, Range("G4").Value

    '「作業シート」のフィルター結果の表全体をコピーし、
    'シート「抽出結果」のA1に転記する
    Sheets("抽出結果").Cells.Clear
```

```vbnet
        Sheets("作業シート").Range("A6").CurrentRegion.Copy _
            Sheets("抽出結果").Range("A1")

        '作業シートのフィルターを解除
        Sheets("作業シート").Range("A6").AutoFilter

        'シート「抽出結果」の表において、罫線、太字、列幅の自動調整
        Sheets("抽出結果").Activate

        Range("A1").CurrentRegion.Borders().LineStyle = xlContinuous
        Rows(1).Font.Bold = True
        Columns("A").AutoFit
        Columns("D:E").AutoFit
        Columns("G").AutoFit

        'シート「抽出結果」を新しいブックに出力して保存する
        Sheets("抽出結果").Copy
        Application.DisplayAlerts = False
        ActiveWorkbook.SaveAs ThisWorkbook.Path & "¥" & _
                              Range("G2").Value & _
                              "_抽出結果.xlsx"
        Application.DisplayAlerts = True
        ActiveWorkbook.Close

End Sub
```

補足 INDEX

INDEX

YouTuber「エクセル兄さん」
たてばやし 淳

1986年生まれ、横浜育ち。オンライン動画でITスキルを教える人気講師。
19歳の学生時代からパソコン教室で講師を始め、教育手法を徹底的に叩き込まれる。以降、システム開発社やITインフラ系企業での職業経験を活かし、2012年よりYouTube「エクセル兄さん」を運営。業界随一のさわやかボイスとわかりやすい語り口で人気を博す。YouTube総再生回数800万回、チャンネル登録者数8.4万人。
また、ベネッセコーポレーションと提携する世界最大級のオンライン動画教育プラットフォーム「Udemy」にて7万人以上の受講者へ動画コースを展開中。
著書に『Excel VBA 脱初心者のための集中講座』(マイナビ出版)、『エクセル兄さんが教える 世界一わかりやすいMOS教室』(PHP研究所)がある。

▶ YouTubeチャンネル
エクセル兄さん たてばやし 淳

https://www.youtube.com/user/
LifeworkKnowledge

STAFF

ブックデザイン：岩本 美奈子
カバー・本文イラスト：まつむら まきお
DTP・本文図版：AP_Planning
編集：角竹 輝紀

Excel VBA塾
初心者OK! 仕事をマクロで自動化する12のレッスン

2021年11月30日　初版第1刷発行
2024年 8月22日　　第8刷発行

著者　たてばやし 淳
発行者　角竹 輝紀
発行所　株式会社マイナビ出版
〒101-0003
東京都千代田区一ツ橋2-6-3 一ツ橋ビル2F
☎0480-38-6872（注文専用ダイヤル）
☎03-3556-2731（販売）
☎03-3556-2736（編集）
E-Mail：pc-books@mynavi.jp
URL：https://book.mynavi.jp
印刷・製本　株式会社ルナテック

© 2021 たてばやし 淳, Printed in Japan.
ISBN 978-4-8399-7572-2